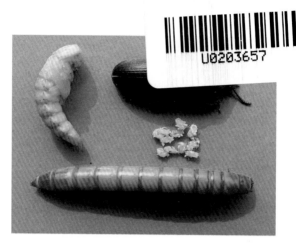

彩图1 黄粉虫的一生

彩图2 蛹

彩图3　幼虫1

彩图4　幼虫2

彩图 5　幼虫 3

彩图 6　幼虫 4

彩图7 幼虫和蛹

彩图8 取食菜叶的幼虫

彩图9　群集的成虫

彩图10　混合养殖

彩图 11　成虫

彩图 12　成虫交尾

彩图13 养殖箱

彩图14 喂食黄粉虫

黄粉虫科学养殖技术

（第 3 版）

原国辉　李为争　编著

河南科学技术出版社

· 郑州 ·

图书在版编目（CIP）数据

黄粉虫科学养殖技术/原国辉，李为争编著 . —3 版 . —郑州：河南科学技术出版社，2021.6

ISBN 978-7-5725-0405-1

Ⅰ.①黄… Ⅱ.①原… ②李… Ⅲ.①黄粉虫-养殖 Ⅳ.①S899.9

中国版本图书馆 CIP 数据核字（2021）第 080733 号

出版发行：河南科学技术出版社
　　　　　地址：郑州市郑东新区祥盛街 27 号　　邮编：450009
　　　　　电话：（0371）65737028　65788613
　　　　　网址：www.hnstp.cn
策划编辑：杨秀芳
责任编辑：杨秀芳
责任校对：翟慧丽
装帧设计：张德琛
责任印制：张艳芳
印　　刷：河南瑞之光印刷股份有限公司
经　　销：全国新华书店
幅面尺寸：787 mm×1092 mm　　1/32　　印张：3　　字数：64 千字　　彩插：8 面
版　　次：2021 年 6 月第 3 版　　2021 年 6 月第 8 次印刷
定　　价：15.00 元

内 容 提 要

黄粉虫是营养价值较高的经济昆虫。30多年来随着动物蛋白饲料需求的增加和特种经济动物养殖业的迅猛发展，黄粉虫人工养殖成为解决动物性蛋白饲料和活体饵料的重要途径之一，且已发展成为新兴的养虫产业。本书在系统讲述黄粉虫形态学、生物学和生态学等科学知识的基础上，从养殖前的准备、饲养与管理、病虫害控制和产品应用与开发等几个方面，详细介绍了黄粉虫的科学养殖技术。可供广大养殖专业户和大专院校相关专业的师生参考。

前　言

　　昆虫是地球上最大的生物类群，具有较大的开发利用价值。昆虫在长期的进化过程中，形成了繁殖率高、生长迅速、生活周期短、饲料利用率高、整体生物量大等生物学特点，是自然界食物链中多种动物的取食对象。30多年来，随着特种经济动物养殖业和畜禽养殖业的迅猛发展，蛋白饲料特别是活体饵料的需求迅速增加，开发新的蛋白质资源越来越引起人们重视，而发展昆虫养殖业已被视为解决动物性蛋白饲料供需矛盾的重要途径，本书所涉及的黄粉虫就是养虫业发展最快的代表。

　　我国的黄粉虫人工养殖始于1952年。最早作为观赏鸟类的活体饵料，在各地鸟市常可见到。1981年首先用于养殖蝎子，后逐渐作为蜈蚣、蛤蚧、蛙类、鳗鱼、鳝类、大鲵、蛇类、野禽、药用兽等肉食性特种经济动物必需的活体饵料之一，这使黄粉虫养殖业进入了规模化发展阶段。近年来，随着黄粉虫配方饲料的发展，利用农业废弃物、畜禽粪便、发酵工业有机残渣等作为饲料资源受到重视，使黄粉虫饲养成本大幅度降低，黄粉虫作为代替鱼粉的优质蛋白饲料开始用于畜禽、水产等常规养殖领域，需求市场不断拓展，出现了一批黄粉虫养殖专业户。同时，由于黄粉虫营养价值较高，且生产过程洁净卫生，幼虫虫体色泽金黄，黄粉虫食品的开发也备受关注，被认为是理想的食疗保健佳品，以黄粉虫为原料研发的保健食品和高新技术产品也不断问世，使黄粉虫养殖业展现出美好的发展前景。

推广和普及昆虫的科学养殖技术具有十分重要的现实意义。近年来，笔者经常接触到一些农民咨询黄粉虫等昆虫的人工养殖问题，由于他们缺乏基础的生物科学知识，常常被一些夸大的宣传和致富信息误导，无法做出准确的判断而上当受骗，甚至造成不必要的经济损失。为此，我们在总结多年养殖经验的基础上，收集国内外最新养殖技术资料，从科学的角度进行归纳整理，以饲料用黄粉虫的养殖为重点，编成这本小册子，期望能满足广大养虫专业户和特种经济动物养殖专业户的需要，为广大农民寻找新的致富门路提供帮助。本书也可作为大专院校动物科学类、生物类专业师生的教学参考资料。

在本书的编写过程中，得到了河南农业大学植物保护学院昆虫学系有关老师的大力支持，在此表示感谢。由于作者水平有限，书中错漏之处敬请广大读者批评指正。

编　者

2020 年 12 月

目　　录

一、概述 ……………………………………………………（1）

　（一）黄粉虫的养殖概况 ……………………………（2）

　（二）黄粉虫的经济价值 ……………………………（3）

　（三）养殖黄粉虫的效益 ……………………………（6）

二、黄粉虫的形态学特征 ……………………………（8）

　（一）外部形态特征 …………………………………（9）

　（二）内部解剖结构 ………………………………（12）

三、黄粉虫的生物学特性 …………………………（17）

　（一）生长发育特点 ………………………………（18）

　（二）主要生活习性 ………………………………（20）

四、黄粉虫的生态学特性 …………………………（24）

　（一）对食物营养的要求 …………………………（25）

　（二）对环境条件的要求 …………………………（28）

五、黄粉虫养殖前的准备 …………………………（32）

　（一）养殖方式的选择 ……………………………（33）

　（二）养殖设备与器具 ……………………………（34）

　（三）饲料选择与配制 ……………………………（35）

六、黄粉虫的饲养与管理 …………………………（49）

　（一）饲养条件的控制 ……………………………（50）

　（二）种虫引进与繁育 ……………………………（51）

（三）日常饲养与管理 …………………………… （53）

七、黄粉虫的病虫害控制 …………………………… （59）

（一）病虫害预防 …………………………… （60）

（二）病害的控制 …………………………… （61）

（三）虫害的控制 …………………………… （62）

八、黄粉虫的应用与开发 …………………………… （64）

（一）黄粉虫作为动物饲料 …………………………… （65）

（二）黄粉虫产品的粗加工 …………………………… （69）

（三）黄粉虫产品的深加工 …………………………… （70）

（四）黄粉虫用于环境保护 …………………………… （71）

（五）黄粉虫粪便综合利用 …………………………… （73）

主要参考文献 …………………………… （75）

一、概　述

黄粉虫 Tenebrio molitor 俗称面包虫、金条虫等，是隶属于鞘翅目（Coleoptera）、拟步甲科（Tenebrionidae）、粉甲属（Tenebrio）的一种昆虫，因此，又称黄粉甲、面拟步甲等。全世界记载的粉甲属昆虫共有 25 种，我国记载的只有黄粉虫和黑粉虫 Tenebrio obscurus。至于目前市场上出现的超级黄粉虫或超级面包虫，实际上是另一种拟步甲科昆虫——大麦虫 Zophobas morio，因其体长是黄粉虫的 2~3 倍而得名。

黄粉虫和黑粉虫原是贮藏物害虫，在仓库中取食腐败、陈旧的谷物及其加工品、肉制品和中药材等。黄粉虫原产于美洲，目前广泛分布于世界各地，在国内自然分布于东北三省及北京、山东、山西、河北、河南、甘肃、内蒙古、四川、重庆等地，是黄河流域仓库中常见的害虫。随着黄粉虫养殖业的发展，各地相互引种，目前已遍布全国各地。黑粉虫原产于欧洲，目前也广泛分布于世界各地，国内除吉林、青海、宁夏和西藏外，各地均有分布，其习性与黄粉虫相似，在仓库中常常与黄粉虫混合发生，近年来也开始进行人工养殖，已形成一定的人工养殖规模。大麦虫原产于南非和中非，后引种到其他国家作为动物饵料，2005 年我国从东南亚引进，其虫体较大，饲养周期较长，其养殖技术还在探索研究之中，尚未形成规模产量。

（一）黄粉虫的养殖概况

黄粉虫的人工饲养已有 100 多年的历史。由于黄粉虫饲养技术相对简单，20 世纪初国外已经有人工饲养的记载。最初主要用作宠物鸟类的活体饵料，后在一些动物园和实验室开始人工饲养，用于饲喂鸟类、鱼类、爬虫类等观赏动物和作为科学研究的试验材料。1952 年，北京动物园从苏联引进并进行人工饲养，作为观赏动物的活体饵料，后逐渐传播到民间，在各地的宠物市场一般可见到出售黄粉虫幼虫。

黄粉虫的规模化人工养殖已有近40年。1981年中华全国养蝎研究会首先将黄粉虫用于饲喂蝎子，解决了养蝎急需的活体饵料问题，同时促进了黄粉虫规模化养殖的起步。此后黄粉虫开始作为蛙类、龟鳖、鳗鱼、黄鳝、大鲵、蛇类、蜈蚣、蛤蚧、壁虎、野禽、药用兽和毛皮动物等特种经济动物的活体饵料，促进了黄粉虫规模化养殖的不断拓展。近年来，随着黄粉虫饲料资源的深入发掘，饲养成本大幅度降低，黄粉虫开始作为代替鱼粉的优质蛋白饲料用于畜禽、水产等常规养殖领域，黄粉虫食品和深加工产品的开发也倍受关注，带动了黄粉虫养殖业迅猛发展。黄粉虫养殖业已经成为我国仅次于养蚕业和养蜂业的第三大养虫产业。

黄粉虫养殖业属于新兴的养殖产业。同其他特种经济动物养殖业一样，产品需求市场波动较大。目前，黄粉虫产品主要用于特种经济动物的活体饵料和畜禽蛋白饲料，因此受限于这些养殖业的发展。而需求量稳定的食品和深加工品原料市场还处于开发过程中，仅有少数加工企业开始批量收购黄粉虫。正是由于这一市场特点，黄粉虫养殖成了一些不法商贩的敛财工具，他们往往以收取种苗费和培训费为最终目的，通过虚假宣传夸大市场需求和养殖效益，鼓动人们养殖黄粉虫赚钱致富。因此，投资黄粉虫养殖必须以考察市场需求为前提——如果黄粉虫养殖户不是自用或自己找到了可靠的销售渠道，只是坐等所谓的"种苗公司"回收产品，可能几个轮回后就会发现自己已上当受骗。

（二）　黄粉虫的经济价值

黄粉虫是一种高蛋白、高脂肪和营养价值较高的昆虫。分析测定结果表明，黄粉虫的营养物质构成与所选虫态、发育状况、饲料种类和饲养季节等相关。生长期幼虫粗蛋白质含量达47%～55%，越冬期幼虫因脂肪含量增加，粗蛋白含量相对减少，一般在35%~45%；蛹和成虫的粗蛋白含量分别为55%~59%和63%~65%。组成蛋白质的氨基酸种类比较齐全，共含有11种氨基酸，包括人体不能合成的7种必需氨基酸和可以半合成的4种半必需氨基酸，幼虫、蛹和成虫所含的必需氨基酸量分别占总氨基酸量的42.21%、43.48%和44.01%，半必需氨基酸分别占13.08%、10.9%和10.56%；必需氨基酸含量超过了联合国粮农组织和世界卫生组织提出的40%标准，与其他含有优质蛋白质的大豆、瘦猪肉、瘦鸡肉、瘦牛肉等相比毫不逊色。生长期幼虫粗脂肪含量27%~30%，越冬期幼虫粗脂肪含量36%~47%，蛹和成虫的粗脂肪含量分别在36%和31%左右。从脂肪酸构成看，近90%的脂肪酸为C_{16}~C_{18}脂肪酸，不饱和脂肪酸占24.86%，其中油酸占不饱和脂肪酸的50%以上，人体必需的亚油酸则达25%以上；饱和脂肪酸占27.67%，主要是软质酸。不饱和脂肪酸与饱和脂肪酸的比值为0.9，接近人类膳食要求的1.0，且造成胆固醇增加的肉豆蔻酸含量较低。因此，黄粉虫脂肪是较理想的人类食用脂肪。此外，黄粉虫体内还含有多种糖类、几丁质、维生素、激素、酶类和磷、铁、锌、钾、钠、钙等微量元素，尤其是维生素E、磷和锌的含量较高，有机硒含量高达34微克/100克，具有很高的营养保健价值。

黄粉虫具有较高的饲用价值。作为特种经济动物必需的活体饵料之一，具有饲料成本相对较低、产出效益较高的优势。已有试验表明，用黄粉虫饲喂蝎子、蚂蚁、蜘蛛、蜈蚣、壁虎、蛤蚧、螃蟹、蛙类、蟾蜍、龟鳖、鳗鲡、鳝鱼、大鲵、泥鳅、蛇类、观赏鸟类、观赏鱼类、野禽以及药用兽和毛皮动物等，能显著促进这些动物的生长发育，增强抵抗病害和不良环境的能力。如饲喂蝎子可提高蝎子繁殖率2倍以上，投喂牛蛙可使牛蛙提前40多天上市，作为甲鱼饵料可缩短甲鱼饲养周期半年以上，喂养野禽可提高野禽增重率29%，且能保持原有的肉质风味。由于黄粉虫蛋白质含量较高，可代替鱼粉作为传统畜禽和水产养殖业的蛋白饲料添加剂，不仅能提高饲料的适口性，有利于消化吸收，还能提高饲料报酬，改善畜禽和水产品的风味，特别是近几年随着人们对家禽土特产品的需求迅速增加，黄粉虫养殖已经成为"虫草鸡"和"虫草蛋"等特色生态养殖链的重要一环。如用3%~6%的鲜虫代替等量鱼粉，家禽生长速度快且肉质好，可提高产量15%左右，提高饲料报酬23%以上，饲养成本降低40%，饲养幼禽可提高成活率30%；饲养蛋鸡可提高产蛋数量，且每个蛋可增重20%。添加到猪饲料中，喂出的猪毛皮光滑、肤色红润、长膘较快，饲养周期可缩短20多天。

　　黄粉虫具有较高的食用价值。与鸡蛋、牛奶和大豆相比，黄粉虫所含的蛋白质和脂肪质量较好，用于开发昆虫食品已受到广泛重视。目前，将黄粉虫用作食品主要有4个途径：一是直接加工成原型食品，制成黄粉虫罐头，或通过焙烤、油炸等制成休闲小食品，如油炸龙酥、油炸金条、油炸蛹宝、干煸旱虾等，或与其他菜肴配伍烹饪出一系列黄粉虫"虫蛹菜"，但从消费心理看，人们要广泛接受这种保持原型的黄粉虫食品还需要一个过程；二是利用其蛋白质、脂肪等主要营养物质加工成变型食品，如全脂虫浆粉、虫粉冲剂、蛋白饮料、高蛋白甜奶、虫蛹酒、黄粉虫蚝油、精炼虫油等，还有人用黄粉虫生产味道鲜美和营养丰富的酱油；三是将黄粉虫干燥粉碎后作为食品添加剂，添加到馒头、糕点、糖果等食品中生产功能食品，如虫浆粉馒头、黄粉虫清蛋糕、汉虾饼干、汉虾月饼、汉虾酥糖等。黄粉虫作为食品或食品添加剂的开发潜力巨大，有可能成为未来最大的需求市场。

　　黄粉虫也是一种食疗保健佳品。我国早有食药同源、寓医于食的传统，由于黄粉虫含有丰富的优质蛋白质和优质脂肪，维生素E、微量元素和亚油酸含量较高，长期食用黄粉虫产品，不仅可以保证营养均衡供应，还能够降低胆固醇和甘油酸三脂，增强记忆力，提高人体的抗病和抗衰老能力。近年来，黄粉虫食疗保健品和化妆品的研发比较活跃，已经研制出蛋白胶囊、氨基酸口服液、脂肪化妆品等产品，从黄粉虫中分离提取营养素、维生素、干扰素、甲壳素、天然激素等生物活性物质的研究也受到关注。然而，由于这些产品多属于高新技术产品，目前仍处于实验室研制阶段，还没有经过小量中试、放量中试和批量生产的中间生产试验，真正投入生产还有许多工作要做，且对生产设备和生产工艺要求严格，前期资金投入较大，市场准入门槛也较高。

（三）养殖黄粉虫的效益

同其他养殖业一样，养殖黄粉虫的经济效益主要决定于饲料等基本投入和产品的销售价格。在进行黄粉虫养殖前，除了充分考察市场行情外，应当对养殖效益进行初步分析，且不可盲目相信那些夸大的宣传：如低估饲养成本，按出口价、种虫价等高估产品价格等，夸大黄粉虫人工养殖的纯收益；按黄粉虫的繁殖能力或推算的养殖规模等，成倍扩大投入产出比；不考虑当地气候条件，完全按黄粉虫在最适温度条件下的发育时间估算饲养周期，而在需要加温饲养的冬春季节则忽略控温养殖的设备和燃料投入；把深加工后的产品价格作为计算养殖经济效益的参数，而很少考虑加工设备的投入、加工产品能否达到产品质量标准或能否销售出去。因此，养殖黄粉虫前应做好全面的综合效益分析。

黄粉虫的饲养成本包括固定资产投入、日常养殖管理投入、产品初加工投入等几个方面。从固定资产投入看，主要包括饲养场地建设、养殖设施制作、加温控温和产品初加工设备的购置等，这方面的总投入与养殖规模密切相关，且单位价格因地而异。从日常养殖管理投入看，主要包括饲料投入、水电投入和饲养管理人员工资等，其中幼虫饲料投入是生产成本的关键。饲料包括精饲料、粗饲料、青绿多汁饲料和饲料添加剂等，若仅用麦麸作为精饲料，用各类菜叶、瓜果皮等作为青饲料进行粗放饲养，一般生产1千克鲜活幼虫需要麦麸2.5~3.0千克，青饲料2千克。采用混合饲料饲养，则可提高饲料报酬，如用米糠、秸秆、秧蔓、饼屑、酒糟等廉价的农副产品作为粗饲料，代替部分麦麸等幼虫精饲料，并补足这些粗饲料所缺乏的部分营养物质，可以大幅度降低饲料成本。从产品初加工投入看，主要包括烘干、粉碎的水电消耗以及包装、运输、销售等费用。若是深加工产品，则需按工业生产另行核算。

二、黄粉虫的形态学特征

（一）外部形态特征

黄粉虫为全变态昆虫，一生经历卵、幼虫、蛹和成虫 4 个虫态（图 1）。

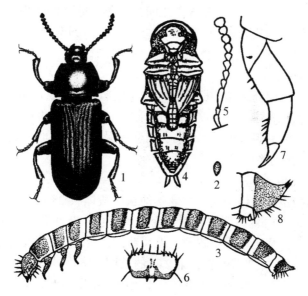

图 1　黄粉虫形态特征

1. 成虫　2. 卵　3. 幼虫　4. 蛹　5. 成虫触角

6. 幼虫内上唇　7. 幼虫胸足　8. 幼虫腹部末端

1. 成虫

黄粉虫成虫体扁平，长椭圆形，体长 12～20 毫米，宽约 6 毫米。刚羽化时体白色，后渐变为黄褐色、黑褐色，体面密布黑色斑点，无毛，有光泽。虫体分为头、胸、腹 3 个体段。头部小，略呈六角形，密布刻点。复眼红褐色。触角短，念珠状，共 11 节，其中第 1 和第 2 节长度之和大于第 3 节的长度，第 3 节的长度约为第 2 节的 2 倍，触角末节长大于宽。前胸背板长方形，宽大于长，四周有边，背面刻点大且较光亮。小盾片五角形。鞘翅背面各有 9 条明显的刻点行，行间密生小刻点。胸足 3 对，跗节式为 5—5—4，腿节粗，雄虫前足胫节略宽，跗节明显短于胫节，腹面多毛。腹部腹面可见 5 节，前 3 节愈合，不能活动，在第 3 与第 4 节、第 4 与第 5 节之间各有会发光的节间膜。黄粉虫雌虫个体一般大于雄虫，腹部末端较尖，产卵时产卵器伸出下垂。黄粉虫与黑粉虫成虫的主要区别见表 1。

2. 卵

黄粉虫卵椭圆形，长径 1.0~1.5 毫米，短径 0.6~0.8 毫米。乳白色，有光泽，卵壳较脆弱，易破裂。卵外有成虫产卵时分泌的黏液，常黏附有虫粪和饲料，对卵有保护作用。卵一般堆集成团状或散产于饲料中。

3. 幼虫

黄粉虫幼虫体圆筒形，老熟幼虫一般体长 28~35 毫米。刚脱皮的幼虫白色透明，后背板变为黄褐色，节间和腹面为黄白色。头壳深褐色。体壁较硬，无大毛，有光泽。触角短小，由 3 节组成，第 1、2 节等长，第 2 节的长度为宽度的 3 倍。口器咀嚼式，内上唇端缘两侧各有排列不规则的短粗刚毛 6 根。胸部共 3 节，各有 1 对胸足，前足转节腹面近端部有刺状刚毛 2 根。腹部 10 节，第 1~8 节两侧各有 1 对圆形气门，供呼吸用，第 9 腹节的宽度大于长度；腹部末端背面具有向上弯曲的 1 对臀叉，臀叉的纵轴与虫体背面几乎成直角；腹部末端腹面有伪足状突起 1 对。黄粉虫与黑粉虫幼虫的主要区别见表 1。

表1 黄粉虫与黑粉虫成虫、幼虫的形态区别

虫态	区别点	黄粉虫	黑粉虫
成虫	体色	黑褐色，有光泽	黑色，无光泽
	触角	第1、2节长度之和大于第3节长，末节长大于宽	第1、2节长度之和等于第3节长，末节宽大于长
	前胸背板	宽大于长，表面刻点密	长宽几乎相等，表面刻点特别密
	鞘翅	刻点密，行间没有大而扁的刻点	刻点极密，行间有大而扁的刻点形成脊
幼虫	体色	黄褐色	暗红褐色或黑褐色
	触角	第2节的长度为宽度的3倍	第2节的长度为宽度的4倍
	内上唇	两侧各有刚毛6根	两侧各有刚毛3根
	前足转节	腹面近端部有刺状刚毛2根	腹面近端部有刺状刚毛1根
	第9腹节	宽度大于长度	宽度不超过长度
	腹末臀叉	纵轴与虫体背面几乎成直角	纵轴与虫体背面形成钝角

4. 蛹

黄粉虫的蛹为裸蛹，体长15～20毫米。初化蛹时身体较软，乳白色半透明，后身体变硬，呈黄褐色。体表无毛，有光泽。腹部向腹面弯曲明显。鞘翅翅芽仅伸达腹部腹面的第3腹节。各腹节背面两侧着生有1个黄褐色锯齿状疣突，上有刚毛。腹部末端有1对较尖的弯刺，呈"八"字形。末节腹面有1对不分节的乳状突，其中雌蛹乳状突大而明显，端部扁平，向两边弯曲。雄蛹乳状突较小，端部呈圆形，不弯曲，基部合并，以此可区分雌、雄蛹（图2）。

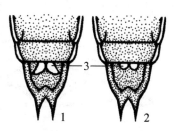

图2 黄粉虫雌、雄蛹的区别
1. 雌蛹 2. 雄蛹 3. 乳状突

（二）内部解剖结构

黄粉虫的内部解剖结构包括消化系统、生殖系统、呼吸系统、神经系统、循环系统、内分泌系统等，其中消化系统和生殖系统与人工养殖关系最大。

1. 消化系统

黄粉虫的消化系统包括 1 条从口到肛门的消化道和与其有关的唾液腺等，主要功能是消化食物、吸收营养、调节体内水分和离子平衡、排出代谢废物等。黄粉虫的消化道纵贯于体腔中央，为典型的取食固体食物结构，从前到后依次分为前肠、中肠和后肠三部分（图 3）。其中前肠是磨碎食物和临时贮存食物的场所，包括细长的食管和膨大的嗉囊等。中肠也称胃，呈粗管状，是分泌消化液、消化食物和吸收营养的场所。中肠与后肠分界处着生有马氏管，为主要的排泄器官。后肠分为回肠和直肠两部分，终

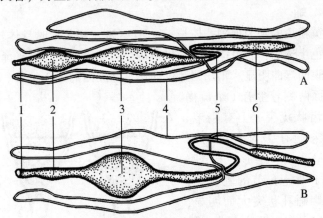

图 3　黄粉虫的消化道

A. 成虫消化道　B. 幼虫消化道

1. 食管　2. 嗉囊　3. 中肠　4. 马氏管　5. 回肠　6. 直肠

止于肛门，是排出食物残渣和代谢废物，并从排泄物中吸收水分和无机盐的场所。

黄粉虫成虫和幼虫均取食固体食物，消化道基本结构相似。但由于成虫的主要使命是繁殖后代，幼虫的主要使命是取食食物和生长发育，因此，它们的消化道结构也有一些差别。成虫的消化道比较短细，加上生殖系统占据大量腹腔空间，不及幼虫发达，嗉囊膨大不多，贮存食物量有限，但中肠部分相对膨大较多，有利于消化吸收。幼虫的消化道平直较长，嗉囊较膨大，可大量贮存和磨碎食物；直肠较粗，且壁厚质硬，可能与回收水分和无机盐有关。根据这些结构特点，应采用不同的饲养策略，如选择成虫饲料时营养要更加全面，饲料的加工粒度应更细一些，投喂饲料要少量多次，以弥补嗉囊容量的不足，便于消化吸收，满足繁殖后代的营养需要。而幼虫饲料的选择范围较广，可选取多种植物性固体饲料，以降低饲料成本，且粒度加工也可以粗一些。此外，从消化系统的结构看，黄粉虫不能直接饮水，生长发育所需要的水分主要来自食物，而且食物的含水量也不能太高。

2. 生殖系统

黄粉虫的生殖系统包括外生殖器和内生殖器两部分。

（1）外生殖器：结构比较简单，其中雄性外生殖器只有1根管状的阴茎，没有抱握器。雌性外生殖器只是腹部末端几节变细成"伪产卵器"，所以只能在食物表面或缝隙间产卵。

（2）内生殖器：位于成虫腹腔内。①雄性内生殖器由1对精巢、1对输精管、1对管状附腺、1对豆状附腺和1根射精管组成（图4）。精巢又称睾丸，呈不规则的立体球状，内部盘曲有大量精巢小管。输精管细长，一端伸达精巢内，另一端与豆状附腺相接。豆状附腺为半月豆状，相对较发达，其分泌物与发育成熟的精子结合形成精包，每个精包内有精子近百个。管状附腺从射精管基部伸出，相对较长而盘曲。射精管呈细管状，是交配时排出精包的通道。②雌性内生殖器由 1 对卵巢、1 对侧输卵管、1 根中输卵管和受精囊、排卵管、雌性附腺组成（图5）。卵巢位于消化道的背面，由 6~8 条卵巢管组成，每个卵巢管的端部有端丝，卵巢管内有一系列从小到大、处于不同发育阶段的卵。侧输卵管是连接卵巢和中输卵管的细长管道，卵巢内的卵发育成熟后排入侧输卵管前部，常使该处膨大呈囊状。中输卵管前端与 2 根侧输卵管连接，后端开口于受精囊内。受精囊又称阴道，呈粗管状，是贮存精珠和卵授精的场所，当卵通过受精囊时，精珠释放出精子与卵结合。排卵管是将受精卵排出体外的 1 根细管。

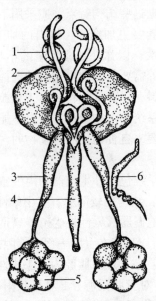

图 4　黄粉虫的雄性内生殖器

1. 管状附腺　2. 豆状附腺　3. 输精管　4. 射精管　5. 精巢　6. 精包

　　黄粉虫为雌雄异体动物，雌、雄必须进行交配才能繁育后代。自然情况下雌雄比为 1∶1，但由于每个雄虫能形成 10~30

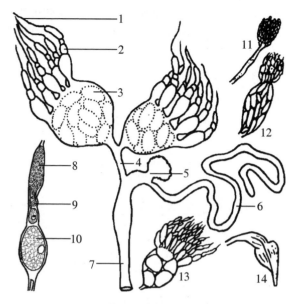

图5　黄粉虫的雌性内生殖器

生殖器官　1. 端丝　2. 卵巢管　3. 侧输卵管　4. 中输卵管　5. 受精囊　6. 雌性
　　　　　附腺　7. 排卵管

卵巢管　8. 滋养细胞　9. 未成熟卵　10. 成熟卵

卵巢发育　11. 羽化2天　12. 羽化5天　13. 羽化15天　14. 羽化30天

个精包，可多次进行交配，在饲养条件较好时可提高雌雄比，以减少雄虫对饲料的消耗。此外，黄粉虫的卵巢也有一个发育过程（图5），刚羽化1~2天的雌虫卵巢纤细，卵粒较小，并未发育成熟，这时即使产卵也是无效卵。羽化5天后有部分成熟卵进入侧输卵管，受精囊和附腺也更加粗大，表明成虫已经进入产卵期。羽化15天后，侧输卵管内充满大量成熟的卵，预示成虫将进入产卵高峰期。羽化30天时，一侧的卵巢开始萎缩，表明开始进入产卵末期，产卵量减少。此后，两侧的卵巢全部萎缩，产卵逐步停止。从卵巢的发育过程可以看出，雌虫羽化后及时做好雌虫饲料的投喂非常关键，应从数量和质量两个方面满足雌虫卵巢发育的需要。在产卵高峰期保证饲料持续均衡供应，可以延长雌虫产卵高峰期和产卵量。在产卵高峰末期，继续补充优质饲料，可延缓卵巢的萎缩，增加产卵总量。

三、黄粉虫的生物学特性

（一）生长发育特点

黄粉虫的卵从离开母体生长发育到成虫性成熟并产生下一代卵的发育过程称为生命周期，又称一个世代。在个体生长发育过程中，不仅虫体随着生长不断增大，而且外部形态也发生周期性的明显变化，称之为变态。黄粉虫属于完全变态类昆虫，一生经过卵、幼虫、蛹和成虫4个虫态或阶段（图6）。了解不同阶段的生长发育特点，对于准确把握其生物学特性和以此为基础科学设计饲养管理措施等具有重要的意义。

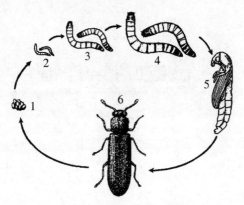

图6　黄粉虫的生命周期

1. 卵　2. 低龄幼虫　3. 中龄幼虫　4. 大龄幼虫　5. 蛹　6. 成虫

1. 生活史

在自然条件下，黄粉虫在我国北方1年发生1代，少数2年发生1代。在南方1年发生2代。在北方地区，幼虫在仓库内越冬，4月上旬越冬幼虫开始活动取食，5月中下旬幼虫化蛹、羽化为成虫，由于个体间生长发育速度差别较大，在夏季活动时期可同时见到卵、幼虫、蛹和成虫4个虫态。在人工养殖条件下，若冬季采取加温措施，可周年生长繁殖，一般完成一个世代需要

80~100天，1年可饲养3~4个世代。若全部控制在最适宜温湿度条件下饲养，理论上完成一个世代需要45~60天。

2. 卵的历期

黄粉虫的卵粒微小，加上卵外常黏附有食物或粪便碎屑，所以很难观察到卵孵化的具体过程，而卵期的长短与温度密切相关。在10℃条件下卵很少孵化，15~20℃时需7~12天孵化，20~25℃时需5~8天，25~32℃时则只需3~5天。在8月自然变温条件下，卵的孵化率可达90%左右。从孵化时间看，全天24小时均可孵化，但以后半夜至早晨8时前孵化最多。

3. 幼虫生长

黄粉虫幼虫的生长发育过程伴随着周期性的脱皮。幼虫每脱皮1次增加1龄，体形变大，体重也随之增加。幼虫一生的脱皮次数为8~19次不等，通常为13~15次，与营养条件密切相关。脱皮时幼虫常先爬行于饲料或群体表面，后停止取食，头部脱裂线裂开，幼虫从蜕皮中脱出。刚刚脱皮的幼虫乳白色，比较幼嫩，容易受到伤害，1~2天后变为黄褐色，体壁也随之硬化。每次脱皮的间隔时间随虫龄和温度、营养条件的不同而不同，通常随着虫龄的增加，脱皮的间隔时间也增加。整个幼虫期在15~30℃条件下需30~90天，平均需60天。温度低时发育历期延长，最长可达480天。温度低于10℃时，幼虫开始进入冬眠状态。一般根据幼虫体重的增长速度划分为三个阶段：20~30日龄前为低龄幼虫阶段，幼虫生长缓慢，取食较少，可随精饲料或混合饲料放置到一边，不需要特别护理，隔几天补喂少量青绿多汁饲料即可；30~50日龄为中龄幼虫阶段，幼虫生长速度加快，取食量也明显增加，应定期进行检查，筛除虫粪和更换精饲料或混合饲料，增加青绿多汁饲料的投喂量；50日龄后进入高龄幼虫阶段，生长发育显著加速，体重增长较快，这一阶段增加的体重可占幼虫总体重的80%以上。同时，幼虫取食量也大幅度增加，需要加强管理，应经常检查和补充、更换饲料，并注意群体密度以防止密度过高造成幼虫大量死亡。

4. 化蛹羽化

黄粉虫幼虫老熟时先爬行到饲料表面或幼虫较少的场所，然后停止取食和活动，身体稍微缩短弯曲成"C"形或"S"形，进入预蛹期。3~4天后蛹从幼虫表皮中脱出，完成化蛹过程。蛹初为白色，1天后变为浅黄褐色。蛹期的长短与温度相关，在15~20℃条件下蛹期8~20天，25~32℃时蛹期6~8天。蛹发育成熟后颜色变深呈黄褐色，羽化前成虫在蛹内不断扭动，致使蛹壳破裂并从中脱出，完成羽化过程。由于蛹期是相对静止的时期，且持续一定时间，在人工高密度饲养条件下很容易遭受黄粉虫幼虫和成虫的捕食，因此，及时将蛹从幼虫饲养容器中拣出单独放置或把羽化的成虫及时移到成虫饲养容器中饲养等，是非常重要的管理环节。

5. 成虫寿命

初羽化的成虫为乳白色，1~2天后体壁变硬，呈黄褐色或红褐色，4~5天后变为黑褐色，并开始交配产卵。成虫寿命一般50~160天，平均为60天，寿命的长短受温湿度和营养条件的影响较大。在温度20℃以上时，成虫寿命随温度的升高而缩短，如在20.1℃、24.0℃、28.5℃、31.7℃和36.5℃条件下饲养成虫，成虫平均寿命分别为63.0天、54.2天、38.8天、38.0天和26.1天。若温度达到38℃，则成虫的寿命只有5天。成虫取食的饲料营养全面，可延长寿命和产卵持续时间。

（二）主要生活习性

生活习性是昆虫生物学特性的重要组成部分，以种或种群为表现特征。由于长期适应在仓库内生活，黄粉虫形成了不同于其他昆虫的生活习性，而且这些习性是由遗传所控制的，不会因人为影响发生根本性的改变。所以，进行人工养殖就是要在全面了解黄粉虫生活习性的基础上，科学营造能够最大限度满足其生活习性要求的饲养条件。

1. 活动习性

黄粉虫幼虫具有一定的爬行能力，在食物缺乏时会爬行寻找食物，但遇到光滑的表面很难爬行过去。蛹只能依靠扭动腹部在小范围内运动，不能爬行前进。成虫活动的昼夜节律不太明显，白天和晚上均能活动取食和交配产卵，但以夜晚最为活跃。成虫飞行能力极弱，但爬行能力较强，可以迅速从一个地方爬行到另一个地方，但遇到光滑的表面也很难爬行过去。因此，人工养殖时可以利用幼虫、蛹和成虫的这些活动特点进行控制饲养，把其控制在饲养容器内。此外，成虫和幼虫均喜欢群集活动和取食，在饲养过程中常常可见到许多成虫和幼虫群集成堆。群集运动的互相摩擦能促进虫体血液循环和食物消化，有利于生长发育和繁殖，这就为高密度养殖奠定了基础。但同时群集也会使小范围内的温度迅速升高，在高温季节养殖时应注意保持适当的饲养密度，以免温度过高造成大量死亡。

2. 趋光习性

黄粉虫具有喜昏暗、怕光照的习性，对弱光有正趋性，对强光有负趋性。在自然条件下，成虫喜欢潜伏在阴暗角落或杂物下躲避阳光。在明亮环境中，幼虫多潜伏在粮食、面粉、糠麸表层下 1~3 厘米处。在人工饲养条件下，常常可以见到成虫喜欢在光线较暗的地方活动和产卵，可利用成虫的负趋光性将成虫分离出来。根据这些特点，在养殖环境营造方面，应注意适当遮蔽养殖场所的门窗，尽可能避免强光线照射，有目的创造较暗的饲养环境，把养殖场房内的光照强度控制在 50~100 勒克斯。幼虫饲料的厚度应保持在 3.0~4.5 厘米，既便于幼虫潜藏避免强光照射，也可以满足幼虫喜欢在浅层饲料中活动取食的要求。

3. 取食习性

黄粉虫的卵和蛹为不取食的虫态，幼虫和成虫为取食虫态。黄粉虫属于杂食性昆虫。在自然界多发生于各类农产品仓库中，资料记载黄粉虫可取食各种谷类、面粉、米粉、麦麸、薯干等粮食和各种谷物碎屑，也取食面包、饼干、油料、羽毛、干鱼、干肉、虫尸、鼠粪、菜叶、瓜果和一些发霉的贮藏物。从理论上讲，凡是具有营养价值的农副产品都可作为人工养殖的饲料，但不同饲料的营养成分差别较大，直接影响幼虫的生长发育速度和成虫的产卵繁殖及寿命。因此，选择饲料种类和合理搭配饲料是人工养殖黄粉虫的重要环节。黄粉虫幼虫的耐饥能力较强，在适宜生长季节缺食 10 天以上不会饿死，在温度较低时饥饿 6 个月以上也不会马上死亡，特别适合作为蝎子等特种经济动物的活体饵料。

4. 自残习性

黄粉虫成虫和幼虫具有自相残杀习性。在不同虫态混合饲养条件下，成虫常常取食幼虫和蛹，甚至取食混入饲料中的自己产的卵，幼虫也会取食卵和蛹。在成虫或幼虫同一虫态高密度饲养条件下，若虫态发育差异较大且饲料缺乏，成虫或幼虫也会自相残杀。试验观察表明，羽化 1~3 天的成虫最容易受到其他成虫的伤害，大龄幼虫常常取食低龄幼虫和刚刚脱皮的幼虫。因此，做好不同虫态和不同发育阶段幼虫、成虫的分离饲养、控制适当的饲养密度、满足饲料的持续供应等是进行人工养殖时必须考虑的问题。

5. 繁殖习性

黄粉虫成虫羽化 4~5 天后开始交配，交配时间多在晚上 8 时至凌晨 2 时。雄虫的交配能力较强，可连续与 8 头雌虫交配而不影响寿命和授精率。所以，在大规模饲养时，为了减少多余雄虫对饲料的消耗和高密度下虫体间的相互干扰，可考虑在 1 : 1

性比条件下，让雌雄成虫连续交配 10 天后去除雄虫，或在蛹期淘汰部分雄虫，把雌雄性比提高到 3：2 以上。雌虫也具有多次交配的习性，且随交配次数的增加产卵量成倍增加。雌虫交配 3～5 天后开始产卵，卵常单产或堆产于饲料表面，由于产卵的同时分泌有大量黏液，卵外一般黏附有细碎的饲料或其他粉状物，对卵有一定的保护作用。从雌虫的产卵时间看，全天均可产卵，但夜间的产卵量多于白天。从产卵高峰期看，羽化后 10～30 天为产卵高峰，产卵量占总产卵量的 95%，其中 70% 的卵集中在羽化后 15～25 天产出。羽化 40 天后产卵量明显减少，为了节约饲料，可及时淘汰这些成虫。若饲养条件较好，产卵期也可达 60 天以上。从总产卵量看，单雌平均产卵量受温度、湿度、饲料营养、交配情况、养殖密度等影响较大，一般介于 150～350 粒，若饲养条件较好，单雌总产卵量可达 400～500 粒，最高达 680 粒以上。从日产卵量看，在产卵高峰期内日均产卵量相对稳定，平均每天产卵 6～10 粒，最多可达 40 粒。

四、黄粉虫的生态学特性

（一）对食物营养的要求

同其他昆虫一样，黄粉虫在幼虫和成虫阶段，需要取食各类营养物质来维持其活动、生长、发育、繁殖等各项生命活动。这些营养物质或者为黄粉虫提供能量，或者转变为身体组织，或者参与各种生理代谢活动，缺乏任何一类营养物质，都会造成黄粉虫营养不良，诱发生命活动的紊乱，甚至引起死亡。但由于目前对黄粉虫的营养代谢规律尚不清楚，只能根据其身体各类营养物质的组成推测需要什么营养，并采用不同的饲料配方来摸索各类营养物质的相对需求量。常规营养成分分析结果表明（表2），黄粉虫生长发育至少需要蛋白质、脂肪、碳水化合物和矿物质四大类营养成分。

表2　黄粉虫幼虫常规营养成分分析结果

营养成分	含量（%）	营养成分	含量（%）
水分	61.70±0.48	缬氨酸	3.84±0.31
干物质	93.70±0.29	天门冬氨酸	5.77±0.13
粗蛋白	47.68±0.63	丝氨酸	2.21±0.03
苏氨酸	2.57±0.14	谷氨酸	6.33±0.30
胱氨酸	0.62±0.14	甘氨酸	2.32±0.07
蛋氨酸	0.69±0.06	丙氨酸	4.78±0.27
异亮氨酸	1.96±0.20	酪氨酸	2.11±0.08
亮氨酸	2.78±0.18	脯氨酸	7.72±0.13
苯丙氨酸	2.87±0.38	粗脂肪	33.83±0.56
赖氨酸	3.10±0.20	粗纤维	6.96±0.20
组氨酸	2.14±0.20	粗灰分	7.72±0.67
精氨酸	3.47±0.21	无氮浸出物	3.52

1. 蛋白质

蛋白质是维持生命与构成身体组织所必需的重要营养成分。黄粉虫体内的各种组织器官均以蛋白质为主要成分，各种酶类、激素、抗体、色素等也由蛋白质组成，黄粉虫在饥饿时，还可以把蛋白质作为主要的能量物质来维持生存。因此，可以说没有蛋白质就没有生命。蛋白质由多种氨基酸组成，对蛋白质的需求本质上是对氨基酸的需求。通常氨基酸分为必需氨基酸和非必需氨基酸两类，前者是自身不能合成的氨基酸，必须通过取食从食物中获得，食物中缺乏任何一种必需氨基酸，生长发育就会受到影响。一般来说，昆虫的必需氨基酸包括精氨酸、赖氨酸、亮氨酸、异亮氨酸、组氨酸、苯丙氨酸、苏氨酸、缬氨酸等近 10 种，至于黄粉虫的必需氨基酸目前还不太清楚。因此，在进行饲料配制时，若选用的植物性饲料氨基酸组成不太全面，要注意添加所缺少的必需氨基酸。

2. 脂肪

脂肪是黄粉虫体内的主要贮备能源。广泛分布于身体组织中，但以脂肪体中分布最集中。需要时脂肪分解释放出能量，供各项生命活动使用。脂肪还具有减少体热散发、增强越冬抵抗力等多种功能，是黄粉虫生存、生长和繁殖必不可少的营养成分。但由于黄粉虫能够利用碳水化合物自己合成脂肪，且一般饲料中都含有一定量的粗脂肪，已足够黄粉虫生长发育所需。因此，在选用或配制黄粉虫饲料时，不必在饲料中另外添加脂肪。

3. 碳水化合物

碳水化合物也是黄粉虫主要的能源物质和结构物质。在人工养殖过程中，如果碳水化合物供给不足，往往造成能源短缺，使部分蛋白质转化为能量，造成粗蛋白利用率下降，或者动用贮备脂肪，引起体重下降。相反，如果碳水化合物供应充足，不仅可以相对减少蛋白质的消耗，而且多余的碳水化合物能以糖原的形式贮存在身体中，它还能进一步转化为脂肪大量贮存起来，这也是饲料中脂肪含量不宜过高的另一个主要原因。

4. 矿物质

矿物质也称矿物元素，是构成黄粉虫身体组织的重要成分和维持机体正常生理功能不可缺少的营养成分。这些元素包括常量元素和微量元素两大类，分析测试结果表明，黄粉虫幼虫体内的常量元素有钾、磷、镁、钙、钠等，微量元素有铁、铜、锰、硒、锌等（表3）。这些矿物质多以无机盐等形式存在，也是多种酶系统的重要催化剂，可以促进生长发育，提高对其他营养成分的利用率，如果缺少某种元素或营养元素不平衡，有可能引起各种疾病。黄粉虫体内的矿物质主要来自饲料，饲料中矿物质的含量直接影响黄粉虫体内的矿物质含量。在人工养殖条件下，采用精饲料或混合饲料时，应注意适量添加矿物质，并注意不同矿物元素之间的相对平衡。此外，由于黄粉虫对微量元素有一定的富集能力，可以通过在饲料中添加铁、锌等有益的微量元素，提高黄粉虫产品的保健价值。

表3 黄粉虫幼虫体内的常量元素和微量元素

常量元素（克/千克）					微量元素（毫克/千克）				
钾	磷	镁	钙	钠	铁	铜	锰	硒	锌
13.70	6.83	1.94	1.38	0.66	65.00	25.00	13.00	0.46	0.12

5. 维生素

维生素是维持昆虫正常生理功能所必需的一类具有高度生物活性的有机化合物。尽管数量极少，但作用很大，因而称之为维持生命的要素。维生素包括B族维生素、维生素C等水溶性维生素和维生素A、维生素D、维生素E等脂溶性维生素，它们多数是辅酶或辅基的成分，参与昆虫体内的生物化学反应，如果缺乏会使某些酶的活性失调，导致新陈代谢紊乱而生长发育不良，甚至表现出疾病。大量饲养试验已经证明，在黄粉虫饲料中添加一定量的饲用复合维生素，可显著提高幼虫的成活率和成虫的产卵量及寿命。

（二） 对环境条件的要求

营造适宜的环境条件是科学养殖黄粉虫的关键。要想取得最佳的养殖效益，不仅要满足黄粉虫生长、发育、生存、繁殖等对环境条件的基本要求，还要通过不同环境条件的优化组合，找出最适宜的养殖环境条件，以缩短饲养周期，降低饲料成本，减少管理投入，不断提高单位面积产量和综合经济效益。由于长期适应在仓库环境中生活，黄粉虫主要对温度、湿度、光照等微环境条件和饲料含水量有特殊的要求。此外，进行人工养殖时，还必须考虑合理的饲养密度。

1. 环境温度

黄粉虫属于变温动物，其生命活动的各个方面都受到环境温度的影响。15~35℃为黄粉虫生长发育的适宜温度，25~32℃是各虫态生长发育的最适温度。当温度低于13℃时成虫和幼虫停止活动取食，低于10℃时各虫态的生长发育停止，低于5℃时成虫和幼虫进入冬眠，低于-5℃时有被冻死的危险，低于-15℃时则在短期内大量死亡。当温度高于35℃时成虫和幼虫烦躁不安，爬行寻找阴凉处，高于40℃时有被高温致死的危险，高于45℃时则在短期内大量死亡。在适宜温度范围内，随着温度的升高生长发育加快，但各虫态的发育历期长短与发育起点温度和有效积温相关（表4）。其中发育起点温度是开始发育的最低温度，有效积温是发育起点温度以上的有效温度的累加值，它通常为一个常数，可根据养殖场所的温度推算出各虫态的发育进度和发育历期，也可通过调控温度科学安排每批产品的产出日期。此外，大龄幼虫常随着温度的升高食量增多、活动增强，个体间相互摩擦会引起局部温度升高 2~3℃，夏季饲养需要经常扒动带虫饲料散热，一般把室温控制在 30℃ 以下比较安全。成虫的取食量常随温度的升高而增加，但产卵量却逐渐减少，因此，若把成虫饲养温度控制在 25~28℃ 可获得最佳的产卵量和饲料报酬。

表4　黄粉虫各虫态的发育起点温度和有效积温

虫态	发育起点温度（℃）	有效积温（日·℃）
卵期	8. 0021±1. 1211	79. 6111±1. 6701
幼虫期	8. 2452±0. 8610	635. 3319±32. 7013
蛹期	9. 1545±0. 5314	118. 9267±4. 0009
成虫产卵前期	11. 8816±0. 2415	67. 6078±1. 2147
全世代	9. 1273±0. 8315	901. 4775±38. 1217

2. 环境湿度

黄粉虫原是仓库害虫，具有耐干旱的习性，湿度过大常常限制其发生。在空气相对湿度为 40%~90% 时，各虫态均可正常生长发育，其中成虫和卵的最适相对湿度为 55%~75%，幼虫和蛹的最适相对湿度为 65%~75%。在适宜湿度范围内，随湿度的增加幼虫的生长发育加快，龄数减少，历期缩短。而成虫的寿命延长，产卵量增多。空气过于干燥，会显著影响卵的孵化、幼虫的脱皮与生长、蛹的羽化和成虫的产卵量与寿命，但一般不会造成大量死亡。空气相对湿度超过 90%，特别是在 100% 的相对湿度条件下，会诱发病菌寄生、饲料霉变等，幼虫最多能够发育到 5~6 龄，绝大多数幼虫在 2~3 龄时死亡。湿度过大，还会使蛹羽化为成虫时脱裂线难以开口，成虫常常死于蛹壳内。成虫也会因潮湿而大量生病死亡。一般把养殖场所的空气相对湿度控制在 50%~80% 比较安全，在雨季或空气湿度较大时，应特别注意对空气湿度的监测和调控。

3. 环境光照

作为一种仓库害虫，黄粉虫喜昏暗、怕强光。一般室内光照强度应小于 250 勒克斯，最好介于 50~100 勒克斯，完全黑暗或连续光照的环境也不利于生长发育。如在光：暗周期 = 12：12（小时）条件下，幼虫发育较快，蛹发育历期缩短，成虫产卵最多。而在完全黑暗的条件下，幼虫增重较慢，蛹发育历期延长。在连续光照条件下，成虫的繁殖力锐减。因此，做好养虫场所门窗遮光处理，避免强光照射的同时，注意保持昏暗交替的自然光照环境。若进行精细饲养，也可封闭门窗，用人工光源把光暗周期控制在最适于黄粉虫生长发育的状态。

4. 饲料含水量

黄粉虫不能直接饮水，生命活动所需的水分主要从饲料中获得，一般取食含水量高的饲料，虫体含水量也高。在自然条件下，黄粉虫虽然可以取食含水量低于 10% 的贮藏物，但生长发育速度较慢，适宜的饲料含水量在 14%~18%。在此范围内，随含水量的增加幼虫生长发育加快，体重增加较多，虫体比较鲜活，发育出的蛹和成虫个体较大，成虫产卵量也会大量增加。在人工养殖条件下，由于黄粉虫幼虫直接与水接触会引起大量死亡，不宜向饲料中直接喷洒水分，应在接入幼虫前，加入清水调配好饲料。含水量超过 18% 时，精饲料或混合饲料容易发霉变质，加上虫粪污染，会引起虫体患病死亡。所以，通常把精饲料或混合饲料的含水量控制在 15% 左右，在饲养过程中经常投喂一些青绿多汁饲料，不仅可以补足黄粉虫所需的水分，还可以提供丰富的微量元素、多种氨基酸和维生素等。

5. 饲养密度

饲养密度直接关系到每个个体所占有的空间大小和食物量的多少，是大规模人工养殖必须考虑的问题。通常饲养密度对黄粉虫幼虫和成虫的影响最大，尤其是在幼虫的脱皮、化蛹阶段和成虫羽化的初期，虫体体壁尚未完全老化变硬，最容易受到其他个体的摩擦损伤。关于幼虫的饲养密度，一般认为低龄时以高密度为宜，大龄时以低密度为宜。多以单位面积饲养的幼虫数量为评价标准，但目前还没有明确的结论，有的认为 2~4 头/厘米^2 为宜，有的认为饲料厚度 2 厘米时可达 10 头/厘米^2 以上，有的把最大密度定为 20 头/厘米^2，可能与不同试验的饲养条件、选取的虫龄等差别较大有关。作者认为，以单位面积的虫体重量作为评价标准可能更加科学，0.4~0.6 克/厘米^2 应是合理的饲养密度。蛹为不活动虫态，放置密度平铺一层即可，不宜堆叠。饲养密度对成虫的存活率和产卵量有较大影响，一般低密度有利于成虫存活，但需占用较多的饲养空间，考虑到单位面积的产卵量随成虫密度的增加而增加，但单雌平均产卵量呈下降趋势，一般认为成虫的最佳饲养密度为 2~3 头/厘米^2，投喂青绿多汁饲料较多时能为成虫提供分散的空间，可适当提高饲养密度。

五、黄粉虫养殖前的准备

（一）养殖方式的选择

养殖黄粉虫前首先应在考察市场的基础上确定养殖规模，然后选择适宜的养殖场所。通常选择背风向阳、通风良好、环境安静的场地，且交通便利，但避免紧邻交通要道和噪声、化学污染严重的工厂。小规模养殖可以利用闲置的房间，工厂化规模生产可利用闲置的厂房、仓库、大棚等，也可建造专用的生产厂区和生产车间。各类养殖场所均应按照黄粉虫对环境条件的要求进行建造或改造，如改善保温和通风条件，便于调控温度和湿度。做好门窗遮光处理，避免强光照射。堵塞房屋漏洞，加装窗纱和门帘，防止老鼠、壁虎、蚂蚁等敌害的侵入。养殖方式目前多采用比较科学的分离饲养方法，将黄粉虫不同虫态放入不同的设备或容器内，分别采用不同的饲养管理方法，能有效防止自相残杀，分批生产规格一致的产品。根据饲养设备或容器的不同，目前较常见的养殖方式有以下4种。

1. 池养

池养可在室内建造养虫池进行分池饲养。通常要建多个养虫池，也可分层建造进行立体养殖，不同的养虫池分别用于饲养成虫、不同发育阶段的幼虫和放置蛹。养虫池可大可小，一般池高20~30厘米，池底和内壁用水泥抹平，并在内壁上沿镶嵌宽5厘米的玻璃条，阻止黄粉虫爬出。

2. 盆养

盆养多用现成的塑料盆、搪瓷盆或陶瓷盆。由于盆的内壁比较光滑，不需要特别处理防止黄粉虫爬出。一般应准备多个盆，将不同虫态分别放置饲养。饲养规模可大可小，日常管理和搬动也比较方便，若制作养虫架将盆分层放置，可充分利用养殖空间。此外，进行盆养时要特别注意空气湿度和饲料含水量的控制，避免盆的表面凝结水滴，虫体直接接触后容易患病死亡。

3. 箱养

箱养适用于大规模集约化养殖，需制作专门的养虫箱。每个养殖场应统一养虫箱规格，便于整齐叠放，充分利用养殖空间。制作箱体常用的材料有铁皮、塑料板、木板、胶合板等，采用木板或胶合板作为材料时，应对养虫箱内壁进行光滑处理，具体制作要求见下节。

4. 柜养

柜养适用于大规模集约化养殖，需制作专门的养虫柜。柜中的抽斗相当于一个个养虫箱，不仅能将不同虫态分开饲养，而且可将不同日龄的幼虫分开饲养，培育出整齐一致的幼虫。养虫柜一般用木板制作，柜中抽斗内壁也应进行光滑处理，具体制作要求见下节。

（二）养殖设备与器具

黄粉虫的养殖设备和器具比较简单。在选择或制作时应以无毒无害为前提，制作设备的各种材料、使用的各种器具对黄粉虫必须安全，特别是选用白乳胶、塑料胶带等一些化学材料时，应进行养虫测试，避免劣质有毒材料影响黄粉虫的正常生长发育，甚至引起死亡。制作的饲养容器不能有漏洞，而且内壁要光滑，既能阻止黄粉虫爬出，把其控制在饲养器具内，又能防止其他敌害侵入。本节重点介绍箱养和柜养的常用设备和日常管理用具。

1. 养虫箱

主要用于饲养卵、幼虫和蛹。可用木板或铁皮制作，但以木板最好，木板不仅通透性好，且能防止水蒸气凝集箱体表面。一般制作成长方形，以便于相互层叠到一定高度，节约养殖空间。也可配套制作养虫架，将养虫箱放在上面，便于日常管理，适于工厂化大规模生产。养虫箱的规格没有统一标准，通常制作成80厘米×40厘米×10厘米或60厘米×40厘米×8厘米，用木板时要将箱的内壁打磨光滑,在上沿粘贴一圈宽4~5厘米的蜡光纸或胶带纸(图7),防止虫子爬出外逃。

2. 产卵箱

产卵箱主要用于饲养成虫和供其产卵。用木板制作,箱的规格比养虫箱小一点,以便放入养虫箱中,通常制作成78厘米×38厘米×10厘米或58厘米×38厘米×8厘米,箱底装上纱网,网眼大小以成虫能伸出产卵管至纱网下饲料中产卵为宜,但不能使成虫整个身体钻出网外,一般18~20目(非法定计量单位。表示每平方英寸上的孔数)。箱的内壁也要打磨光滑,粘贴一圈宽4~5厘米的蜡光纸或胶带纸(图7)。

3. 饲养柜

饲养柜主要用于养虫室封闭不好、敌害较多和养殖规模较大的养殖场。将饲养柜适当缩小,制作成抽屉状,放入柜中,可大大减少养殖空间。柜的大小没有统一规格,可根据房间的大小确定,以管理方便为宜(图8)。抽屉的制作要求同养虫箱。

4. 分离筛

分离筛主要用于分离不同虫态、不同龄期的幼虫和筛除虫粪。筛子的大小和形状没有统一规格,筛孔的大小通常用"目"表示,即每2.54平方厘米面积上筛孔的数目,如有5个孔称5目筛,10个孔称10目筛,依此类推。一般至少应准备60目、40目、10目和6目共4种网眼的筛子,60目的筛子用于筛除虫粪和筛取各龄幼虫,40目的筛子用于筛除虫粪和筛取中龄以上幼虫,10目筛用于筛取大龄幼虫,6目筛用于将蛹从幼虫饲养箱中分离出来。若为自制的筛子,内壁上沿也要粘贴一圈蜡光纸或胶带纸。

(三) 饲料选择与配制

了解各种饲料的营养物质组成是选择和配制饲料的基础。通

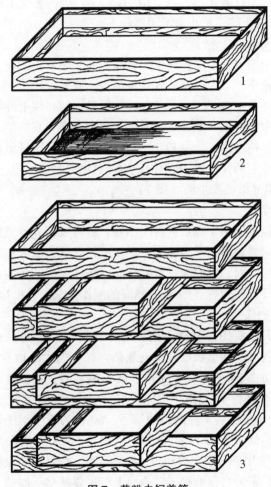

图 7　黄粉虫饲养箱

1. 养虫箱　2. 产卵箱　3. 叠放形式

常饲料的营养组成用各类营养成分在饲料中所占的百分比来表示。其中蛋白质用粗蛋白含量来表示，包括蛋白氮和非蛋白氮两

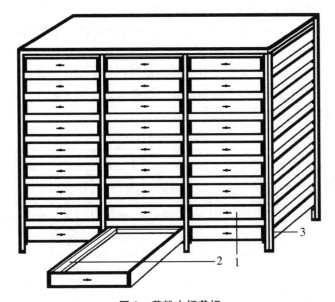

图8 黄粉虫饲养柜
1. 养虫抽屉 2. 胶带纸 3. 柜体

部分。粗脂肪是指饲料中能溶于乙醚的物质，包括真脂肪和类脂质。碳水化合物含量用粗纤维和无氮浸出物来表示，黄粉虫不能直接大量利用粗纤维，但取食后有利于肠道蠕动和食物消化，而无氮浸出物是可以被大量利用的碳水化合物。矿物质用粗灰分表示，是饲料中所有矿物质的总和。维生素由于含量少、测定困难，一般的饲料营养成分分析不进行测定。现将常用饲料营养物质组成及其配制方法分述如下：

1. 饲料的种类

黄粉虫为杂食性昆虫，饲料来源较广。通常按饲料的性质分为以下五类。

（1）精饲料：简称精料，是黄粉虫的主要饲料。包括各种禾本科作物的籽实及其加工副产品，如小麦、大麦、玉米、高粱、谷子、稻谷及其糠麸等，最常用的是麦麸、玉米粉和大米糠，也有用一些农产品深加工后的副产品作为饲料。这类饲料无氮浸出物含量一般较高，是主要的能量饲料，粗纤维含量在原粮中较低，但其加工副产品中稍高，粗蛋白含量通常不多。常见的精饲料及其营养物质组成见表5。

表5 常见精饲料营养成分

饲料名称	干物质（%）	粗蛋白（%）	粗脂肪（%）	粗纤维（%）	无氮浸出物（%）	粗灰分（%）	钙（%）	磷（%）
小麦麸	87.9	13.5	3.8	10.4	55.4	4.8	0.22	1.09
大麦麸	86.4	15.4	3.2	5.7	58.1	4.0	0.33	0.28
大米糠	89.5	10.8	11.7	11.5	45.0	10.5	0.21	1.44
小米糠	92.5	7.0	3.0	31.8	40.2	10.5	0.33	0.76
高粱糠	87.5	10.9	9.5	3.2	60.3	3.6	0.10	0.84
玉米皮	87.9	10.1	4.9	13.8	57.0	2.1	0.09	0.17
小麦粉	91.8	12.1	1.8	2.4	73.2	2.3	0.11	0.36
大麦粉	88.4	10.8	2.1	4.6	67.6	3.3	0.05	0.46
荞麦粉	87.1	9.9	2.3	11.5	60.7	2.7	0.09	0.30
燕麦粉	90.3	11.6	5.2	8.9	60.7	3.9	0.15	0.33
大米粉	87.5	8.5	1.6	0.8	75.4	1.2	0.06	0.21
小米粉	87.4	8.8	1.4	0.8	74.8	1.6	0.07	0.48
高粱粉	87.0	8.5	3.0	1.5	71.2	2.2	0.09	0.36
玉米粉	86.3	6.1	4.5	1.3	73.0	1.4	0.07	0.27

饲料名称	干物质（%）	粗蛋白（%）	粗脂肪（%）	粗纤维（%）	无氮浸出物（%）	粗灰分（%）	钙（%）	磷（%）
玉米淀粉渣	88.0	11.2	3.9	10.5	60.4	2.0	0.07	0.07
马铃薯粉渣	87.9	5.9	2.3	7.6	68.6	3.5	0.35	0.23

（2）粗饲料：主要用于代替部分精饲料以降低饲料成本，包括各种农作物秸秆和牧草。由于作物的秸秆多处于作物成熟后的阶段，这类饲料粗纤维含量很高，且多为木质素，黄粉虫很难消化吸收，选用时必须进行前处理，常用的发酵方法有酸化法、碱化法和酶法等。粗饲料蛋白质含量普遍较低，多数不超过6%，使用时应注意添加蛋白饲料。粗灰分含量也较高，但其中大量是硅酸盐，对黄粉虫营养意义不大。常见的粗饲料及其营养物质组成见表6。

表6 常见粗饲料营养成分

饲料名称	水分（%）	粗蛋白（%）	粗脂肪（%）	粗纤维（%）	无氮浸出物（%）	粗灰分（%）	钙（%）	磷（%）
玉米秸	5.5	5.7	2.0	29.3	51.3	6.6	微量	微量
玉米芯	11.2	4.5	—	32.2	—	—	0.10	0.08
冬小麦秸	15.0	4.5	1.6	36.7	36.8	5.4	0.27	0.08
春小麦秸	15.0	4.4	1.5	34.2	38.9	6.0	0.32	0.08
大麦秸	12.9	6.4	—	33.4	—	—	0.13	0.02
燕麦秸	15.0	4.0	1.9	34.3	39.0	5.8	0.21	0.11
黑麦秸	15.0	3.6	1.5	37.3	39.0	3.0	0.42	0.15

续表

饲料名称	水分（%）	粗蛋白（%）	粗脂肪（%）	粗纤维（%）	无氮浸出物（%）	粗灰分（%）	钙（%）	磷（%）
稻草	15.0	4.8	1.4	25.6	39.8	12.4	0.69	0.60
稻壳	9.0	2.7	—	41.1	—	—	0.44	0.09
谷草	15.0	6.8	2.0	27.8	40.6	6.8	0.50	0.10
花生秧	10.0	12.2		21.8			2.80	0.10
花生壳	7.8	4.8		61.6			0.51	0.02
大豆秸	15.0	5.7		33.7	39.4	4.2	1.04	0.14
大豆荚	13.5	6.1		33.9				
豌豆秸	15.0	6.5	2.3	38.5	31.4	6.2	1.49	0.17
甘薯秧	13.7	10.3	—	25.7	—	—	2.44	0.14
苜蓿干草	15.0	7.4	1.3	37.3	33.7	5.3	0.56	0.19
三叶草秸	15.0	5.9	2.2	41.9	29.8	4.1	0.83	0.14

（3）青绿多汁饲料：包括各类菜叶、胡萝卜、马铃薯、瓜果皮等。这类饲料水分含量较高，粗蛋白含量较低，干物质含量较少，无氮浸出物含量中等。试验表明，黄粉虫幼虫只取食干麦麸时，几乎不能正常生长发育。在麦麸中加水可满足黄粉虫水分需要，但幼虫生长缓慢，且麦麸容易表面板结、发热和发霉。而经常投喂一些青绿多汁饲料，可补充水分、维生素和微量元素，能显著促进幼虫的生长发育，提高成虫的寿命和产卵量。特别是马铃薯含有18种氨基酸、多种微量元素和维生素，可与麦麸中缺少的氨基酸互补，按麦麸重量的2%每日添加鲜马铃薯片，兼有补充水分和营养的双重作用，且可避免饲料发霉变质。常见的

青绿多汁饲料及其营养物质组成见表7。

表7 常见青绿多汁饲料营养成分

饲料名称	干物质（%）	粗蛋白（%）	粗脂肪（%）	粗纤维（%）	无氮浸出物（%）	粗灰分（%）	钙（%）	磷（%）
白菜叶	4.7	1.9	0.2	0.7	0.4	1.5	0.20	0.01
甘蓝叶	10.0	1.0	0.2	1.3	6.7	0.8	0.06	0.02
莴苣叶	8.0	1.4	0.6	1.6	3.5	0.9	0.15	0.08
菠菜叶	8.2	2.4	0.5	0.7	3.1	1.5	0.07	0.05
甘薯秧	13.0	2.1	0.5	2.5	6.2	1.7	0.20	0.05
苜蓿	20.7	4.2	0.5	6.2	8.0	1.8	0.20	0.30
马铃薯	22.0	1.6	0.1	0.7	18.7	0.9	0.02	0.03
胡萝卜	12.0	1.1	0.3	1.2	8.4	1.0	0.15	0.09
西瓜皮	6.6	0.6	0.2	1.3	3.5	1.0	0.02	0.02
南瓜	10.0	1.0	0.3	1.2	6.8	0.7	0.04	0.02
甜菜	15.0	2.0	0.2	1.7	9.1	1.8	0.06	0.04
水浮莲	7.0	0.7	0.1	1.0	3.2	2.0	0.12	0.03
水葫芦	5.0	0.7	0.2	1.0	2.4	0.7	0.07	0.01
水花生	6.0	1.1	0.1	1.1	2.8	0.9	0.08	0.02
水蕹菜	10.0	1.8	0.6	1.7	4.0	1.9	0.11	0.03
苹果渣	20.2	1.1	1.2	3.4	13.7	0.8	0.02	0.02

（4）蛋白质饲料：这类饲料粗蛋白含量比较高，一般应在18%以上，是主要的蛋白源，尤以动物性蛋白饲料含量最高。粗

脂肪含量显著高于前三类饲料，所以其加工品在贮存时容易变质。在植物性蛋白饲料中还含有较多的无氮浸出物。粗灰分含量变化较大，总趋势是动物性饲料大于植物性饲料（表8、表9）。氨基酸组成因饲料种类而异（表10）。

表8 常见植物性蛋白饲料营养成分

饲料名称	干物质（%）	粗蛋白（%）	粗脂肪（%）	粗纤维（%）	无氮浸出物（%）	粗灰分（%）	钙（%）	磷（%）
大豆	88.0	37.0	16.2	5.1	25.1	4.6	0.27	0.48
蚕豆	89.0	24.9	1.4	7.5	51.9	3.3	0.10	0.47
豌豆	88.0	22.6	1.5	5.9	55.1	2.9	0.13	0.39
豇豆	88.0	22.6	2.0	4.1	56.0	3.3	0.04	0.40
绿豆	88.0	20.1	0.8	5.8	56.0	5.3	0.19	0.27
红小豆	88.2	20.0	0.8	1.4	62.8	3.2	0.02	0.35
小黄豆	90.0	37.6	16.5	6.4	25.4	4.1	—	—
豆饼	90.6	43.0	5.4	5.7	30.0	5.9	0.32	0.50
花生饼	90.0	43.9	6.6	5.3	29.1	5.1	0.25	0.52
菜籽饼	92.2	36.4	7.8	10.7	29.3	8.0	0.73	0.95
棉籽饼	89.6	32.5	5.7	10.7	34.5	6.2	0.27	0.81
芝麻饼	90.7	41.1	9.0	5.9	21.9	12.8	2.29	0.79
黑芝麻饼	92.4	41.5	10.2	7.0	24.1	9.6	2.05	1.10
向日葵饼	89.0	31.5	1.8	22.6	24.2	8.9	0.48	0.96
豆腐渣	88.0	26.4	6.4	16.8	35.2	3.2	0.40	0.24
啤酒糟	89.5	25.6	7.1	14.7	35.7	6.4	0.34	0.68

表9　常见动物性蛋白饲料营养成分

饲料名称	干物质 （%）	粗蛋白 （%）	粗脂肪 （%）	粗灰分 （%）	钙 （%）	磷 （%）
进口鱼粉	89.0	60.5	9.7	14.4	3.91	2.90
国产鱼粉	89.5	55.1	9.3	18.9	4.59	2.15
肉骨粉	94.0	53.4	9.9	28.0	9.20	4.70
猪血粉	88.9	84.7	0.4	3.2	0.04	0.22
肉粉	90.0	55.4	30.4	3.2	0.19	0.54
羽毛粉	90.0	76.1	1.2	10.2	0.04	0.12
蛋黄粉	53.1	32.4	33.2	8.6	0.44	1.14
蜗牛粉	96.9	60.9	3.9	18.6	2.0	0.84
田螺肉粉	93.5	51.1	1.9	15.1	4.9	0.34
蚯蚓粉	92.3	56.4	7.8	8.7		
蝇蛆粉	86.0	47.2	3.2	18.4	2.76	3.14
脱脂蚕蛹	89.3	64.8	3.9	4.7	0.19	0.75

（5）补充饲料：是指添加到精饲料或饲料配方中，补充或强化某方面营养物质的饲料。常用的有糖类、食盐、维生素、蜂王浆等，用量一般不大。近年来的研究表明，在饲料中添加稀土元素、微生物菌剂等可显著促进黄粉虫幼虫的生长发育和成虫的产卵繁殖。如成虫羽化后补饲10%糖水或蜂蜜水、2%蜂王浆水，可显著提高黄粉虫成虫的产卵量。按40毫克/千克用量添加稀土元素氧化镧后，幼虫存活率显著提高，生长发育速度加快，成虫产卵前期缩短，日均产卵量也明显增加。

表 10 常见蛋白饲料氨基酸含量

饲料名称	苏氨酸	甘氨酸	胱氨酸	缬氨酸	蛋氨酸	异亮氨酸	亮氨酸	酪氨酸	苯丙氨酸	赖氨酸	组氨酸	精氨酸	色氨酸
大豆	1.41	1.51	0.48	1.70	0.44	1.68	2.79	1.16	1.78	2.22	0.91	2.57	—
蚕豆	0.92	1.08	0.41	1.28	0.13	1.05	1.93	0.86	1.18	1.75	0.59	2.49	—
豌豆	0.97	1.10	—	1.18	0.12	0.99	1.80	0.87	1.18	1.78	0.62	2.55	0.15
菜籽饼	1.38	1.52	—	1.58	0.53	1.13	2.12	0.86	1.34	1.06	0.77	1.58	0.29
豆饼	1.70	1.84	0.52	1.99	0.51	1.97	3.46	1.38	2.26	2.54	1.10	3.68	—
花生饼	1.23	2.45	0.55	1.66	0.39	1.34	2.78	1.60	2.20	1.35	0.92	5.16	0.28
棉籽饼	1.29	1.69	0.74	1.71	0.61	0.95	2.41	1.02	2.02	1.54	0.90	3.57	—
芝麻饼	1.29	1.81	0.36	1.84	0.82	1.42	2.52	1.02	1.68	0.82	0.81	2.38	—
向日葵饼	0.68	1.07	0.13	0.93	0.22	0.62	1.01	0.23	0.83	0.45	0.47	1.50	0.20
进口鱼粉	2.88	4.26	0.56	2.80	1.65	2.42	4.28	2.12	2.68	4.35	1.66	3.85	0.80
国产鱼粉	2.22	3.76	0.47	2.29	1.44	2.23	3.85	1.63	2.10	3.64	0.90	3.02	0.70
猪血粉	3.51	4.21	1.69	7.64	0.68	0.88	11.96	2.16	6.05	7.79	6.01	4.13	1.34
肉骨粉	0.83	1.60	0.18	1.09	0.34	0.84	1.67	0.69	1.12	1.37	0.44	1.24	—
羽毛粉	3.96	—	3.09	6.53	0.51	3.79	7.43	—	3.77	1.55	0.40	5.62	0.57
田螺肉粉	2.66	3.08	0.84	2.49	1.30	1.97	5.16	1.85	2.51	3.57	0.96	4.69	—
蚯蚓粉	2.18	2.14	—	2.15	0.37	2.01	3.57	1.38	1.69	3.00	0.96	2.96	—
蝇蛆粉	1.92	1.92	0.15	2.18	—	2.08	2.92	2.65	2.47	3.37	0.99	2.03	—
脱脂蚕蛹	3.14	2.96	0.66	3.79	2.92	3.39	4.92	4.71	3.78	4.85	1.87	3.53	1.50

2. 饲料的搭配

小规模养殖一般不需要专门搭配饲料，用上述精饲料或养殖鸡、鹌鹑等常用的混合饲料，搭配一些青绿多汁饲料即可。大规模养殖时，为降低饲料成本和提高饲料报酬，最好采用混合饲料。应根据当地比较丰富的饲料资源，参照上述各类饲料的营养成分，通过设计不同的饲料配方和饲养试验，筛选出较好的黄粉虫专用饲料配方。一般幼虫期饲料需求量较大，是降低饲料成本的关键，主要通过在精饲料中加入一定比例的粗饲料，再添加两类饲料中缺少的蛋白饲料制成混合饲料，然后与青绿多汁饲料搭配投喂可补充水分和维生素等。成虫饲料需求量较小，但考虑到繁殖需要，饲料中粗蛋白含量要高。下面列出各地推荐的 20 种以麦麸为主的精饲料配方和加入发酵后粗饲料、畜禽粪便的饲料配方，饲养户可根据当地的饲料资源进行适当选择和调整，然后通过投喂青绿多汁饲料补充其不足。

（1）麦麸 95.0%~98.0%，玉米粉 2.0%~5.0%，主要在自然温度下饲养幼虫时使用，温度稍高时可加喂适量青绿多汁饲料。

（2）麦粉或麦芽粉 95.0%，食糖 2.0%，蜂王浆 0.2%，饲用复合维生素 0.4%，饲用混合盐 2.4%，主要用于饲喂产卵期的成虫。

（3）麦麸 95.0%，豆腐渣 5.0%，有益微生物适量，主要用于饲喂生长期的幼虫。

（4）麦麸 85.0%，苹果渣 15.0%，有益微生物适量，主要用于饲喂生长期的幼虫。

（5）麦麸 80.0%，玉米粉 10.0%，碎豆饼或花生饼 9.0%，其他（包括维生素、矿物质、土霉素）1%，可作为成虫和幼虫的饲料。

（6）麦麸 75.0%，玉米粉 15.0%，鱼粉 5.0%，食糖 3.0%，

饲用复合维生素 0.8%，饲用混合盐 1.2%，主要用于饲喂产卵期的成虫。

（7）麦麸 70.0%，玉米粉 24.0%，大豆粉 5.0%，食盐 0.5%，饲用复合维生素 0.5%，主要用于饲喂生长期的幼虫。

（8）麦麸 60.0%，玉米粉 10.0%，大米糠 20.0%，豆饼 9.0%，其他（包括维生素、矿物质、土霉素）1%，可作为成虫和幼虫的饲料。

（9）麦麸 60.0%，木薯渣粉 40.0%，用于饲养中龄以上幼虫。

（10）麦麸 60.0%，驴粪 40%，用于饲养中龄以上幼虫。

（11）麦麸 50.0%，浮萍粉 50.0%，可作为成虫和幼虫的饲料。

（12）麦麸 45.0%，大米糠 45.0%，鱼粉 10.0%，添加少量维生素 C 和维生素 B，主要用于饲喂产卵期的成虫。

（13）麦麸 40.0%，酸模粉 60.0%，主要作为幼虫的饲料。

（14）麦麸 40.0%，玉米秸粉 60.0%，主要作为幼虫的饲料。

（15）麦麸 40.0%，稻糠 60%，用于饲养中龄以上幼虫。

（16）麦麸 40.0%，牛粪 60%，用于饲养中龄以上幼虫。

（17）麦麸 37.2%，玉米秸粉 20.7%，甘薯秧粉 42.1%，主要作为幼虫的饲料。

（18）麦麸 30.0%，稻壳 30.0%，豆腐渣 30.0%，黄粉虫幼虫粉 10.0%。主要用于饲喂产卵期的成虫。

（19）麦麸、玉米秸粉、玉米粉占比 1∶1∶1，主要作为幼虫的饲料。

（20）玉米粉 36.0%，玉米秸粉 26.2%，鸡粪 37.8%，主要作为幼虫的饲料。

3. 饲料的加工

采用原粮作为原料时需要先进行粉碎，但不宜呈细粉末状。低龄幼虫饲料的粒径应在 0.5 毫米左右，大幼虫和成虫饲料粒径为 1~5 毫米。为提高饲料的利用率和适口性，对于淀粉含量较多的饲料原料，可用 16% 的开水糊化，晾晒后再与其他饲料混合。若饲料原料为发霉变质的陈化粮等，使用前应进行高温杀菌处理，可放入烘干箱或烤炉中 50℃ 条件下处理 30 分钟，或隔水高温蒸煮 30 分钟。采用粗饲料和畜禽粪便配制饲料前，应进行生物处理，其中对于作物秸秆可参照牛、羊饲料的处理方法进行青贮、发酵处理和酶解处理等，畜禽粪便应进行高温发酵。采用混合饲料时，通常按配方将各成分搅拌均匀即可。有条件的养殖场，也可以用饲料颗粒机将其膨化成颗粒饲料使用。加工好的混合饲料含水量不应超过 18%，饲喂黄粉虫时若补充投喂青绿多汁饲料较多，可适当降低饲料的含水量，以防饲料发霉变质。

4. 饲料的投喂

饲料的投喂因虫态、饲养季节和饲料种类而异，一般直接投喂在饲养容器中即可。卵期和蛹期不需要投喂饲料，但幼虫期和成虫期都必须保证饲料的充足供给。为减少重复劳动，在黄粉虫生长季节或控温养殖条件下，饲料的投喂在低龄幼虫期一般 15~25 天投料 1 次，中龄幼虫期一般 10~15 天投料 1 次，大龄幼虫期和成虫期一般 3~7 天投料 1 次，低温季节可适当延长投喂间隔时间。补充投喂饲料一般在每次筛除虫粪后进行，每次投喂的饲料量为虫体重量的 20%~30%，或满足大龄幼虫和成虫取食 5~8 天，可大幅度降低饲养管理的用工投入。青绿多汁饲料的投喂要求比较严格，在投喂菜叶时要注意不能投喂刚喷洒过农药的菜叶，若菜叶较脏，用清水洗过后最好晾干叶面的水分再投喂，以免水分太多菜叶腐烂，引起饲料霉败，进而引起黄粉虫大批死亡。青绿多汁饲料的投喂量根据气温而定，气温高或湿度低时可多喂，1~2 天 1 次或每天投喂 1~2 次，气温低或湿度高时少投喂，3~5 天投喂 1 次。因黄粉虫晚上活动强烈，是觅食的最佳时间，所以青绿多汁饲料的投喂时间选在傍晚前后较好。

六、黄粉虫的饲养与管理

（一）饲养条件的控制

将养殖场所的环境条件控制在适宜的状态，是成功养殖黄粉虫的基础和前提。特别是在工厂化规模生产时，充分满足黄粉虫生长、发育、生存、繁殖等对环境条件的基本要求，对于缩短饲养周期，降低养殖成本，生产高质量产品，取得最佳的经济效益等具有重要的意义。

1. 温度的控制

在全温控饲养情况下，温度一般控制在 25～30℃较为适宜，有条件的可建造专门的养虫室，装配恒温控制设备，但投资较大。较常采用的是冬季和早春加温饲养，用煤炉、锯末炉或暖气、电热器加温均可。采用前两种方法时应注意排烟和通风，防止二氧化碳过多和一氧化碳中毒。加温时温度要相对恒定，特别是冬季加温不能忽高忽低，避免昼夜温差太大，以免影响黄粉虫的正常生长发育和繁殖。在夏、秋季多利用自然温度，但在气温较高的夏季，如果室内温度达到 33℃以上，应注意及时通风降温。同时，夏季要特别注意大龄幼虫养虫箱内的温度，因为虫体摩擦会使箱内的温度高于室温。在全自然温度饲养情况下，冬季要做好保暖工作，至少把室温控制在 5℃以上，以利于黄粉虫安全越冬。

2. 湿度的控制

湿度的控制相对比较简单，一般把室内空气相对湿度控制在 60%～70%比较合适。如果湿度过低，可在地面洒水进行调节。湿度过高时，必须进行通风降湿，特别是在雨季，长时间高湿度很容易引起饲料发霉变质，导致幼虫大量患病死亡。养虫箱中的湿度可通过青绿多汁饲料的投放次数和投放量来调节，切不可直接向饲料上洒水，防止虫体直接与水接触和避免饲料结块、霉变。

3. 温湿度综合控制

温度和湿度都是影响黄粉虫生长发育和繁殖的重要因素，但二者的作用并不是相互孤立的。在适宜的温度范围内，温度的作用大小常因湿度的变动而变化。同样，在适宜的湿度范围内，湿度的作用大小也常因温度的变动而变化，也就是说温度和湿度对黄粉虫的影响是相互关联的。因此，要创造最适宜的饲养条件，必须考虑温度与湿度的综合作用。表 11 是黄粉虫不同虫态最适宜的温湿度条件组合，若分虫态建设有养虫室，可将不同虫态放于不同温湿度条件的养虫室内饲养。

表 11　黄粉虫各虫态最适宜的温湿度条件组合

虫态	最适温度（℃）	最适相对湿度（%）	虫态历期（天）
成虫	24～30	55～75	60～90
卵	24～32	55～75	6～9
幼虫	25～30	65～75	85～130
蛹	25～30	65～75	7～12

（二）种虫引进与繁育

选择优良种虫是科学养殖黄粉虫的前提和基础。特别是在工厂化养殖逐渐普及的今天，借鉴动植物育种的先进方法，繁育生产性能较好、遗传性状稳定的优良种虫显得十分迫切。然而，由于过去的黄粉虫养殖多为小规模混合饲养，种群内部数十代甚至上百代近亲繁殖，种虫退化现象十分明显。虽然近年来开展了一些种虫的选育工作，推出了一些系统选育的品系，但还没有得到普遍公认的优良品种。加上一些养殖公司将收购的黄粉虫产品直接作为种虫炒卖，更加重了种虫的混乱。因此，开展黄粉虫养殖时，对于种虫的引进必须高度重视，尽可能从正规的教学科研单位和养殖场引种。

1. 种虫的选择

黄粉虫的幼虫、蛹和成虫均可作为种虫，但由于低龄幼虫外部特征难以观察，成虫产卵与否难以判断，所以首次引种最好选择大龄幼虫和蛹作为种虫。作为种虫的个体应发育整齐、大小相对一致、身体健壮、体壁光滑有弹性。选用大龄幼虫作为种虫时，个体要大，体长在 26 厘米以上，数量在 5 000 条/千克以下，生活力较强，将幼虫放在手心上时爬动迅速，对强光照表现出明显的负趋光性，身体饱满发亮，背面黄褐色，腹面白色部分明显。选用蛹作为种虫时，体长应在 18 厘米以上，体色浅黄褐色，饱满发亮，轻轻接触蛹体会不断扭动。初次养殖引种时，最好购买专业技术部门选育的优良品系。若购买不到优良品系，也可购买商品虫，但购种量不可太大，以免上当受骗，然后通过在养殖过程中有目的地进行选择，逐步培育优良种群。

2. 活虫的运输

无论是引进种虫，还是出售活体商品虫，都需要运输活虫。运输一般在温暖的春、秋季进行，若气温超过 32℃ 或低于 0℃ 最好不要进行远距离运输。运输时将活虫放入透气性较好的布袋或细网袋中，袋中可放置虫体重量 30%~50% 的麦麸或虫粪，每只袋子装虫不要超过 2~3 千克，平摊厚度不高于 4~5 厘米，使虫体有较大的活动空间，以便通风和散热。若一次运输量较大，要将每个袋子用箱或架分开，且不可将多个袋子叠放在一起相互挤压。必须在夏季高温天气运输时，应尽量选择早晚气温较低时上路，运输过程中要随时观察温度变化情况，以免高温造成大量死亡。冬季运输前，应将室内加温饲养的黄粉虫在相对低温的环境下放置一段时间，运输过程中还应做好保暖工作，避免冷空气直接吹向装虫的袋子。

3. 种虫的选育

黄粉虫种虫的选育是一个长期的循序渐进过程，需要经过几十个世代的精心选育。在选育前应首先明确选育目标，当前的主要选育目标是培育生长速度较快、虫体相对较大、饲料利用率较高的种群。选育前期可结合生产种群的日常饲养管理进行，从幼虫期开始注意观察记载，随时把同批次幼虫中那些生长发育速度快、活泼健壮的个体拣出单独饲养，再从中选出个体较大、化蛹较早的蛹另外放置，并观察其羽化出的成虫的取食、活动和繁殖情况，逐步建立起单独的选育种群。然后将选育种群与生产种群分开饲养，创造最适宜的饲养环境，投喂营养价值较高的饲料。在养殖过程中淘汰那些虫体较小、取食较少、生长较慢、产卵较少和病残的个体，这样通过连续多代的选择，就可以建立起适应当地养殖条件的优良繁殖种群。

4. 种虫的复壮

为了避免长期近亲繁殖造成饲养种群的退化，有条件的养殖场最好从不同地区引进若干个黄粉虫种群分开饲养，并按照种虫的选育方法进行系统选择，分别建立不同的繁殖种群。然后将来自不同种群的雌雄成虫配对放置让其自由交配，将其产出的杂交后代单独饲养，从中选择生产性能较好的个体，并通过逐代选育，稳定其遗传性状，逐渐建立起大规模的繁殖种群，为生产提供种虫。这样长期坚持，可以始终保持生产用种虫的不断更新。若养殖规模较小，未进行种虫的系统选育，一般饲养 1~2 年后应重新引种或换种。

（三）日常饲养与管理

黄粉虫的日常饲养管理技术相对比较简单，通常有粗放和精细两种管理模式。粗放管理一般养殖规模较小，一次将精饲料或混合饲料投入养虫箱中，任幼虫自由采食，中间不间断投喂一些青绿多汁饲料，待幼虫化蛹后将其拣出放在其他箱中羽化，然后将成虫集中在产卵箱中产卵，这种管理比较省事，但饲料利用率较低。精细管理适于大规模养殖，严格区分不同虫态，分不同发育阶段进行管理，随时调控饲养条件，定期筛除虫粪和补充投喂饲料等，能有效缩短养殖周期，降低生产成本，大批量供应相同规格的幼虫。本节主要按虫态分别介绍饲养管理要点。

1. 成虫期的饲养管理

饲养成虫的目的是为了繁殖后代和扩大养殖种群。因此，饲养管理应以保持成虫旺盛的生命力、获得最大的产卵量为重点。

（1）养殖数量：养殖成虫的数量根据养殖规模而定。一般按单雌总产卵量 250~350 粒、雌雄比 1∶1 进行初步推算。比如要形成 10 万头幼虫的养殖规模，需要养殖 280~400 对成虫。若饲养条件较好，管理比较精细，单雌产卵量较大，可适当减少成虫养殖数量，或在蛹期淘汰掉部分雄蛹，将雌雄比提高到 3∶2 以上，以减少成虫的饲料消耗。此外，在大规模养殖时，每个养虫箱中的成虫羽化期应比较接近，一般不要超过 10 天，可有效减轻挑拣死亡成虫的劳动强度。

（2）养殖密度：每个产卵箱中养殖的成虫数量因箱的大小而异，一般按 2.0~2.5 千克/米^2 的密度放养成虫（合 20 000~25 000 头/米^2）。密度过小时，单位时间内成虫的产卵量较少，不利于培育出发育期一致的成批幼虫；密度过大时，成虫因争食、争活动空间干扰交配产卵，容易造成单雌产卵量下降。为促使成虫分散隐藏，可在产卵箱内放一层干鲜菜叶或豆科植物的叶片，既可以为成虫提供较多的潜藏空间，也有利于保持较稳定的温度，这些叶片还是成虫的补充饲料。

（3）日常管理：除了控制好温湿度和光照外，成虫期的日常管理主要是投喂饲料和清理死虫。成虫羽化后要及时移到产卵箱中，避免与未羽化的蛹混养在一起，并在产卵箱内投放少量饲料。成虫羽化后 1~3 天，鞘翅由白色渐变为黄色、黑色，身体由柔软变为坚硬，活动由弱变强，在此期间不需要补充投喂饲料。羽化后第 4 天，成虫开始交配、产卵，逐步进入繁殖高峰期，每天早、晚要在产卵箱内投放营养价值较高的混合饲料，但投喂量不可太多，以下次投喂前正好吃完为宜，否则部分卵会混在混合饲料中被成虫吃掉。另外要投喂适量的青绿多汁饲料，投放叶菜类时不可过多，因其含水量较大，夏天容易腐烂、发热、发臭。成虫繁殖后期，有部分成虫繁殖后死亡，对这种自然死亡的少量成虫，可供其他活成虫啃食，不必挑出。若为患病死亡或死亡数量较大，则应及时清除。成虫产卵 2 个月后，已过了产卵高峰期，繁殖能力下降，这时应将全箱成虫淘汰，以新成虫取代。

（4）卵的收集：考虑到成虫喜欢在饲料中产卵的特性和避免其误食自己产下的卵，最好把成虫放在底部有网的产卵箱中。卵的收集方法有两种：一是直接将产卵箱放入铺有 0.5～1.0 厘米厚饲料的养虫箱内；二是在产卵箱下垫上木板或硬纸板，板上铺一张与箱大小相等或稍大些的接卵纸，撒上 0.5～1.0 厘米厚的饲料供成虫产卵。卵的收集次数根据饲养的成虫数量、成虫的产卵能力和饲料内卵的数量而定，一般 2～3 天收 1 次，若时间太长，孵化出的幼虫发育极不整齐。每次更换时要注明日期，直接将产卵箱移入另一个铺有饲料的养虫箱即可。采用接卵纸时，要将饲料和接卵纸一同移入养虫箱。对于产卵箱中残剩的饲料，其中可能有成虫产的卵，每次收集时也要一并收集后放入养虫箱中。

2. 卵期的管理

卵期的管理相对简单。将每次收集的卵连同饲料放置在养虫箱中，挂牌标记后将箱堆叠起来即可。为了保持通风，一般将箱按 90° 角层叠。卵期通常 7～10 天，不需要进行特别管理。若采用的是接卵纸，待卵全部孵化后应及时去掉接卵纸，将纸上的饲料连同小幼虫抖入养虫箱内。在干燥季节，还可在饲料上盖一层菜叶，以提高相对湿度有利于卵的孵化。

3. 幼虫期的饲养管理

幼虫期是整个黄粉虫饲养管理工作的重点。需要随时调节饲养条件、经常投喂饲料和清除虫粪等，其工作量大小与饲养规模密切相关。为便于饲养管理，通常根据幼虫的发育进度将饲养管理划分为三个阶段：低龄幼虫一般是指 20~30 日龄前或体长在 1 厘米以下的幼虫，中龄幼虫是指 30~50 日龄或体长 1~2 厘米的幼虫，大龄幼虫是指 50 日龄后或体长大于 2 厘米的幼虫。应根据不同阶段的生长发育特点，采取有针对性的饲养管理措施。

黄粉虫幼虫喜欢群居，饲养密度过小，会影响幼虫的活动和取食；密度过大，幼虫互相摩擦易造成小环境温度急剧升高，特别是大龄幼虫阶段稍有疏忽会出现大量死亡，所以，控制适宜的饲养密度非常重要。一般情况下，养虫箱中的幼虫厚度不要超过 2~3 厘米，以 0.4~0.6 千克/米^2 的饲养密度比较适宜，合 1~2 龄幼虫 200~300 头/厘米^2，3 龄幼虫 60~90 头/厘米^2，4 龄幼虫 25~35 头/厘米^2，5 龄幼虫 12~18 头/厘米^2，6 龄幼虫 4~6 头/厘米^2，7 龄幼虫 3~5 头/厘米^2，8 龄以上大龄幼虫 2~3 头/厘米^2。一般认为幼虫低龄时以高密度为宜，大龄时以低密度为宜，并根据具体养殖情况进行调整，通常管理粗放或室温高、湿度大时，密度应小一些。

（1）低龄幼虫的饲养管理：黄粉虫卵孵化时，幼虫头部先钻出卵壳，初孵幼虫先啃食部分卵壳，然后取食养虫箱中的饲料。这时尽量不要搅动饲料，以免伤害初孵幼虫。由于低龄幼虫生长发育较慢，食量不大，养虫箱中的饲料一般可满足，不必投喂新饲料。通常情况下，幼虫长到 0.4~0.5 厘米时体色变为淡黄色，停食 1~2 天后进行第 1 次蜕皮，以后每 4~6 天蜕皮 1 次。待卵孵化 7~15 天，幼虫达 3 龄以上时，开始投喂少量青绿多汁饲料，并每天观察 1 次精饲料或混合饲料的残留量，若前期投放饲料较少，养虫箱中全为微球形虫粪时，可适当补充一些精饲料或混合饲料。待幼虫发育到 20 日龄左右时，用 60 目筛筛除虫粪，并称取幼虫体重，若密度较大应及时分箱，并按幼虫体重的 10%～20% 添加新的精饲料或混合饲料，进入下一个管理阶段。

（2）中龄幼虫的饲养管理：30～50 日龄的中龄幼虫阶段是生长发育较快的时期，日消耗饲料较多，排出的虫粪也多，因此，日常管理的次数也要增加。一般早、晚各投喂 1 次青绿多汁饲料，并注意精饲料或混合饲料的残留量，随时进行补充，每次的补充量够 5～7 天取食即可。通常每 7～10 天用 40 目筛筛除虫粪 1 次，同时称取幼虫体重，若密度较大应及时分箱。通过 30～50 天的饲养，中龄幼虫经 5～8 次蜕皮，体长可达 1～2 厘米，体重比 20～30 日龄时可增加 1 倍以上。

（3）大龄幼虫的饲养管理：50 日龄以上的幼虫日取食量最多、生长发育速度最快、日排粪量也最多，需要每天进行饲养管理。大龄幼虫日耗饲料为自身体重的 20% 左右，其中精饲料或混合饲料与青绿多汁饲料各占一半，必须每天投喂 2～3 次青绿多汁饲料，每 2～3 天补充 1 次精饲料或混合饲料，每 3～5 天筛除 1 次虫粪。由于大龄幼虫喜欢群集堆积，要经常观察，若幼虫堆积厚度超过 2～3 厘米，应及时添加饲料或进行分箱饲养。当幼虫体长达到 2.2～3.2 厘米时，体重可达 0.13～0.26 克，体重增加速度达到高峰，是作为活体饵料和采收的最佳期，要及时用 10 目筛筛取，投喂其他动物或进行销售、加工。

（4）预蛹期的管理：对于留种的幼虫要继续饲养。为便于将幼虫与预蛹分离，可将精饲料或混合饲料厚度增加到 4～6 厘米。发现幼虫到饲料表面停止取食和活动，身体稍微缩短弯曲时，表明已经进入预蛹期。为防止受到伤害，应及时将其与幼虫分离。若饲养密度不高，也可待其化蛹后再进行分离。分离的方法有人工挑取和过筛选取等办法，当发现少量老熟幼虫进入预蛹期或化蛹时，可手工拣出，拣蛹时切勿用手在箱内来回搅动，轻轻拣去集中于饲料表层上的蛹即可，但要轻拿轻放，避免造成人为伤害。饲养规模较大，同批次出现预蛹或蛹较多时，每天用 6 目筛筛取 1~3 次，将其集中放于养虫箱或产卵箱内即可。

4. 蛹期的管理

蛹期时，黄粉虫不吃不动，但蛹体内却发生着器官的重组变化，对外界环境条件也十分敏感，为了保证蛹顺利完成羽化过程，要认真做好蛹期的管理工作。首先，将蛹放置于铺有 1 厘米厚精饲料的养虫箱或产卵箱内，厚度不要超过 2 层蛹，并在蛹上盖上报纸。箱中的湿度不宜过大，一般把空气的相对湿度控制在 65%~75%，在整个蛹期不要翻动或挤压蛹体，以免造成虫体损伤。其次，要及时取出羽化的成虫，防止其咬伤未羽化的蛹，一般在 25~30℃ 条件下，经 6~8 天 90% 的蛹羽化为成虫。每天要观察 1 次，随时将变黑、变红和软化的死蛹拣出。通常在化蛹 5 天后，每天早晚要将盖蛹的报纸轻轻提起对折，将爬附在报纸上的成虫抖入产卵箱内，如此经过 2~3 天的操作，可收取 90% 的羽化成虫。若需要淘汰部分雄虫，在蛹期可根据形态特征区分雌雄，将那些个体较小、发育不良的雄蛹拣出淘汰。

七、黄粉虫的病虫害控制

（一）病虫害预防

做好黄粉虫病虫害的预防具有事半功倍的效果，也是杜绝病虫害发生的基础性工作。若病虫害已经发生，再采取控制措施不仅需要投入大量的人力和物力，而且还会造成一定的损失。因此，在整个饲养管理过程中，要始终贯彻"预防胜于治疗"的理念，尽可能把病虫害发生控制在萌芽阶段。除了做好日常环境温湿度和光照控制，为黄粉虫提供良好的生长发育和繁殖条件外，平时应特别注意以下三个方面的病虫害预防工作。

1. 隔离养殖

隔离养殖是指要将黄粉虫控制在相对隔离的环境中养殖。如养虫室使用前应堵塞房屋漏洞，加装窗纱和门帘，平时经常检查是否出现新的孔洞，并及时处理，以防止老鼠、壁虎、青蛙、蟾蜍等敌害的侵入。若养虫室难以隔离，应采用养虫柜养殖，或在养虫架四周、养虫箱上部加盖纱网。在蚂蚁较多的地方，还要参考蚂蚁的控制方法进行阻隔。平时养虫室应禁止外人参观，饲养管理人员进出养虫室也要注意清洁衣物，防止将病虫带入养虫室内。

2. 饲料处理

肉食性螨类常常随精饲料或混合饲料进入养虫箱内，对黄粉虫为害极大。很多仓库害虫如玉米象、赤拟谷盗、扁谷盗、锯谷盗、麦蛾、米蛾、谷蛾等常出现在黄粉虫的饲料中，不仅取食黄粉虫卵，咬伤脱皮期的幼虫和蛹，而且会与黄粉虫争饲料，形成糠团，污染饲料。因此，应尽可能选用无杂虫、无霉变的精饲料或混合饲料作为黄粉虫的饲料。若新购进的饲料量较大，应当密封贮存避免其他仓库害虫侵入取食。若发现饲料中已经有螨类和其他昆虫，使用前应进行高温处理，如可把饲料摊放在日光下暴晒 2~3 小时，或采用炒、烫、蒸、煮、膨化等方法加工饲料。

3. 清洁消毒

应注意搞好养虫室内的清洁卫生，及时清除散落在地面上的饲料残渣等，避免滋生螨类和其他昆虫。日常管理过程中发现个别患病个体和死虫，应及时拣出带到室外集中处理。为预防病虫害的发生，每批虫养殖结束后应对养虫室进行一次全面清扫，保证环境整洁卫生，并将饲养器具放在日光下暴晒一段时间。对于病害发生较重的房间，清扫后可喷洒 0.1% 的高锰酸钾、0.5% 的菌毒净或 5% 的来苏儿溶液消毒灭菌。对于螨害发生较重的房间，彻底清扫后必须进行喷药杀虫。

（二）病害的控制

黄粉虫在正常饲养管理条件下很少患病，但在大规模养殖情况下，常常因饲养环境的变化，特别是温湿度的波动，很容易患病。因此，营造适宜的温湿度环境，是控制病害发生的关键。目前发生较普遍的病害主要有软腐病和干枯病两种。

1. 软腐病

软腐病为幼虫期病害。发病幼虫初期行动迟缓、食欲下降、粪便稀清，发病严重时虫体变黑软烂，最后死亡。此病多发生在梅雨季节，室内空气湿度过高、饲料含水较多、饲养密度过大、过筛时造成虫体受伤、粪便污染饲料等是发病的主要原因。饲养管理过程中发现变软虫体时要及时拣出，同时停喂含水较高的青绿多汁饲料，并加强通风，降低室内湿度。若患病个体较多，要将残剩饲料全部清除，更换为较干燥的精饲料或混合饲料。也可按 0.1% 的用量，将氯霉素、土霉素或金霉素粉碎后拌入精饲料或混合饲料中投喂一段时间。

2. 干枯病

干枯病为幼虫期和蛹期病害，多因虫体严重缺水而发病。发病幼虫开始时头部和尾部干枯，后全身干枯死亡。此病多发生于高温、干燥的情况下，特别是在干旱的夏季和冬季加温饲养时，若空气湿度太低，饲料过于干燥，常常会发生干枯病。在室内地面上洒水增湿降温，把精饲料或混合饲料的含水量控制在15%左右，经常投喂一些青绿多汁饲料等，可以避免此病发生。

（三） 虫害的控制

虫害的发生与饲养管理粗放有直接的关系。使用经过长期贮存的饲料又未进行灭害处理，很容易将一些肉食性螨类和其他昆虫带入。如果养虫室隔离条件较差，室内地面抛撒饲料较多，则容易招引蚂蚁泛滥成灾。因此，虫害控制的重点是把握好饲料和隔离两个关口。

1. 螨类

危害黄粉虫的螨类主要是粉螨，食性较杂，繁殖力极强。螨类喜欢在麦麸、米糠中滋生，能在短时间内大量繁殖，造成饲料变质。若随饲料带入养虫箱内，在温度较高的7~9月，饲料湿度过大时发生尤其严重，可在饲料表面见到成群的白色蠕动螨虫，取食饲料、黄粉虫卵和死虫体，叮咬弱小幼虫和正在脱皮的幼虫，搅扰大幼虫和成虫活动、取食、交配、产卵等正常生命活动。螨类防治的关键是杜绝饲料带螨，若难以避免将少量螨类带入，在夏季应保持室内空气流通，并结合更换饲料全部清除残食，保持虫箱清洁，虫箱潮湿时要及时拿到太阳下晒干。若有少量螨类发生，可以将油炸的鸡骨头或鱼骨头等放入养虫箱内诱捕。若螨类发生量较大，应对养虫室和养虫器具进行彻底清洁，并将养虫器具在阳光下暴晒10分钟。螨类发生严重时，可用强氯精200倍液或40%三氯杀螨醇乳油1 000倍液喷洒墙角、饲养箱和用具，并放置一段时间，确定对黄粉虫无毒害后再使用。

2. 蚂蚁

在南方各地蚂蚁发生为害比较严重。蚂蚁很容易钻进养虫室和饲养器具中，把黄粉虫死虫、活虫抬走作为食物。常用的防治办法有隔离法、驱避法、诱杀法等。在养虫室周围修建水沟或将饲养架底脚放入能盛水的容器中，经常加满水，有较好的隔离作用。在养虫室周围或饲养器具四周均匀撒施 20~30 厘米宽的生石灰带，对蚂蚁有较强的驱避作用。取硼砂 50 克、白糖 400 克，加水 800 克，溶解后配成毒饵，分装入小容器内，放在蚂蚁经常活动的地方可大量诱杀蚂蚁。

3. 其他

在蟑螂、老鼠、壁虎等敌害较多时，也应进行及时杀灭。

八、黄粉虫的应用与开发

（一）黄粉虫作为动物饲料

黄粉虫作为动物饲料，具有营养全面、适口性好、投喂方便等特点。试验表明，用黄粉虫作为肉食性动物的鲜活饵料，不仅可以促进动物的生长发育和繁殖，增强抵御病害和不良环境的能力，而且具有饲料成本低、产出效益高的优势。用黄粉虫作为畜禽、水产养殖业的蛋白饲料添加剂，不仅能提高饲料的适口性，有利于消化吸收，还能提高饲料报酬，改善畜禽产品和水产品的风味。

1. 作为鲜活饵料

可直接投喂黄粉虫的食肉性、食虫性和杂食性特种经济动物，主要有蝎子、蜈蚣、蚂蚁、蛤蚧、蜥蜴、蚂蟥、螃蟹、虾类、蛙类、蟾蜍、龟类、鳖类、金鱼、热带鱼、斑鱼、七星鱼、胡子鲶鱼、罗非鱼、泥鳅、黄鳝、鳗鱼、幼蛇、大鲵、山鸡、竹丝鸡、黑凤鸡、珍珠鸡、孔雀、麻雀、幼雉、各种观赏鸟等几十种。下面以几种目前需要虫量较大的特种经济动物为例，简单介绍一下投喂黄粉虫饵料的方法及注意事项。

（1）投喂蝎子：黄粉虫是喂养蝎子的优质饵料，不仅可与蝎子共同生活 10 天以上，满足蝎子随时捕食，而且黄粉虫所含的蜕皮激素也有利于蝎子脱皮。一般直接投喂到蝎子养殖箱或养殖池中即可，但要注意选择新鲜的活虫，因为运动中的黄粉虫更容易被蝎子发现和捕捉，且能避免黄粉虫死亡后污染蝎窝。但要注意的是，应根据蝎子的发育阶段选择不同大小的黄粉虫幼虫，以便幼蝎捕食。在蝎子取食高峰期，投虫量应宁多勿缺，以免蝎子因缺食而互相残杀。

（2）投喂蛙类：黄粉虫是刚变态幼蛙的理想开口饵料之一，也是饲养幼蛙和种蛙的优质饵料。但由于黄粉虫见水容易死亡，所以最好设置专用的饵料台，在陆地投放黄粉虫。饵料台一般制成盘状或浅槽状，四壁光滑以防止黄粉虫爬出，盘口或槽口也不能过大，以防止蛙跳入捕食时将虫带出，造成饵料浪费。

（3）投喂龟鳖：因龟鳖在水中取食，要考虑到黄粉虫在水中的存活时间。将活黄粉虫投入水中后，一般在10分钟内窒息死亡，水温在20℃以上2小时后开始腐败，虫体发黑变软，逐渐变臭。因此，用黄粉虫投喂龟鳖，首先要掌握好龟鳖的食量，在生长季节，日投喂鲜虫量占龟鳖体重的10%左右。每次的投喂量以2小时内吃完为宜。夏季水温在25℃以上时，龟鳖食量较大，1天可投喂2~3次，春秋季节水温在16~20℃时，龟鳖的食量较小，每天投喂1次黄粉虫即可。如果进行人工加温养殖龟鳖，水温在25℃左右时要增加投喂次数，最好是"少吃多餐"，以保证虫体新鲜。投喂时要将黄粉虫幼虫放在水中的饵料台上，第2次投喂时要观察前一次投放的虫量是否已被食尽，并及时清除残剩饵料和调整下次投喂量。

（4）投喂鱼类：用黄粉虫饲喂观赏鱼、珍稀鱼和鲶鱼等一些肉食性鱼类时，由于它们的摄食方式多为吞食，投喂黄粉虫应以小的个体为好。每次投喂量不宜过多，应要"少吃多餐"，防止短时间内食不完出现虫体死亡腐败现象。试验表明，将黄粉虫幼虫绞碎后制成虫糜，对罗非鱼具有显著的诱食作用，在罗非鱼饲料中加入2%的黄粉虫效果最佳。

（5）投喂鸟类：黄粉虫活虫投喂画眉鸟、百灵鸟等观赏鸟类时，一般每天8~16条/只鸟最好，要与其他饲料搭配投喂，避免鸟类单纯取食黄粉虫造成消化不良。投喂时可以用手拿着幼虫喂，也可将幼虫放入小容器内让鸟自由采食，但容器内壁要光滑，防止黄粉虫爬出外逃，可在容器内放入少量麦麸等饲料，但不能有水和其他杂物。

（6）投喂蛇类：蛇类喜欢吞食动物，常以蛙、鼠等小动物为食，也可用黄粉虫作为蛇的饵料，大龄黄粉虫特别适合投喂幼蛇。用黄粉虫喂养成年蛇时，可与其他饲料配制成全价饲料，加工成适合蛇吞食的食团，投喂次数根据蛇的数量、大小和季节不同而确定，一般每月投喂 3~5 次。

2. 作为蛋白饲料

随着特种经济动物养殖业和畜禽养殖业、水产养殖业的发展，蛋白饲料特别是动物性蛋白饲料的紧缺问题日趋突出，导致鱼粉、肉骨粉等动物性蛋白饲料的价格不断攀升。而黄粉虫具有蛋白质含量高的特点，且氨基酸组成合理，从理论上讲可以代替鱼粉、肉骨粉等添加到畜禽、水产混合饲料中。但由于目前黄粉虫的养殖规模十分有限，还很难为饲料工业提供充足的原料供应，虽然小规模试验证明黄粉虫可以代替鱼粉作为畜禽和水产的蛋白饲料，但如何配制以黄粉虫为蛋白源的各种饲料配方还需要深入探讨。下面简单介绍一些小规模应用试验情况。

（1）喂养肉鸡：目前应用较多的是喂养经济价值较高的土杂鸡。如在三黄鸡基础日粮中每天添加 2% 的黄粉虫粉代替等量鱼粉，蛋白代谢率比鱼粉提高 13.17%，日增重比鱼粉提高 1.89%。在河田鸡基础日粮中每天添加 5% 的黄粉虫幼虫粉代替等量国产鱼粉，也可提高河田鸡的日增重量，而对屠宰率、半净膛率、全净膛率、胸肌率、腿肌率等鸡生肉品质指标没有影响。在 AA 肉雏鸡基础日粮的基础上添加 7% 的黄粉虫幼虫粉，可改善鸡肉的风味，增加鸡肉的保水能力，延长鸡肉的货架期，而对鸡肉的嫩度影响不大。土杂鸡散养场在全价混合饲料中每天加喂 10% 的黄粉虫鲜活幼虫，不仅可以增强鸡的抗病力，减少防疫用药，而且生产的"虫草鸡"肉质细嫩、清香可口、营养丰富。

（2）喂养蛋鸡：以黄粉虫幼虫粉作为蛋白源设计饲料配方，以常规普通蛋鸡饲料作对照饲喂产蛋期的蛋鸡，可使产蛋率提高 5.06%，蛋重提高 12.40%，且可使料蛋比降低 6.90%。土杂鸡散养场在全价混合饲料中每天加喂 10%~12% 黄粉虫鲜活幼虫，可以生产味道鲜美、营养丰富、独具特色的"虫草蛋"。

（3）喂养鹌鹑：在白羽鹌鹑基础日粮中添加 3% 的黄粉虫幼虫粉代替鱼粉，可降低鹌鹑的死亡率，加快生长速度，增加个体重量，提高饲料报酬，产出的鹌鹑肉肌纤维直径和剪切力变大，肌肉的保水性提高，可延长鹌鹑肉的货架期，而对肌肉的嫩度影响不大。在 120 日龄的产蛋鹌鹑饲料中添加 10% 的黄粉虫幼虫粉连续饲喂 15 天，可使产蛋率提高 4.1%，蛋重提高 7.0%，而料蛋比下降 11.3%。

（4）喂养雏鹅：在肉用吉林白鹅雏鹅饲料配方中加入 22% 的黄粉虫粉，代替等量的鱼粉 + 豆粕，不但可以提高雏鹅的抗病能力，将雏鹅成活率提高 5.4%，而且雏鹅增重速度快，饲料报酬高。

（5）饲喂犊牛：在黄粉虫蛋白中添加补充蛋氨酸后配制蛋白代乳料，可代替 50% 全乳饲喂 3 ~ 9 周龄荷斯坦犊牛，在不影响犊牛健康生长的前提下，能大大降低犊牛喂养成本。

（6）喂养鱼、虾：在鱼、虾等水产品人工饲料中添加黄粉虫粉可代替部分鱼粉等蛋白饲料，降低饲料成本。如添加黄粉虫粉后，可代替虹鳟、大菱鲆和金头鲷饲料 25% ~ 35% 的鱼粉，海鲷、欧洲海鲈和黄颡鱼饲料 50% 的鱼粉，凡纳滨对虾饲料 75% 的鱼粉。

3. 作为天敌昆虫饲料

随着农林害虫生物防治技术的发展，利用天敌昆虫绿色防控重大农林害虫受到普遍关注，对人工繁育释放天敌昆虫的需求迅速增加。而这些天敌均为捕食性或寄生性昆虫，需要用活体昆虫作为饲料进行大规模人工饲养。近年来大量研究已经证明，用黄粉虫幼虫作为猎蝽、益蝽等捕食性蝽类的饵料，不仅蝽类若虫生长发育快、死亡率低，而且成虫体重和产卵量也显著增加。用经过特殊处理后的黄粉虫蛹饲养管氏肿腿蜂、周氏啮小蜂等寄生蜂，可代替这些寄生蜂原来的寄主昆虫。

（二）黄粉虫产品的粗加工

从营养学角度看，黄粉虫是一种营养保健佳品，开发潜力巨大。本节介绍黄粉虫产品的粗加工工艺流程，以便养殖户能够及时处理长成的黄粉虫幼虫和加工出符合企业收购要求的初级产品。

1. 速冻黄粉虫

速冻黄粉虫可有效保持原产品品质，避免营养成分破坏，一般作为各类深加工产品的原料。其生产工艺流程为：

活幼虫或蛹→排杂→清洗→装袋→密封→速冻→装箱→−18℃贮藏

2. 黄粉虫原粉

黄粉虫原粉具有品味醇香的特点，后味长久不散，可以作为蛋白饲料，也可作为调味粉加入各种米面小食品中，还可制成各种珍品虫酱或馅类。其生产工艺流程为：

活幼虫或蛹→排杂→清洗→固化→冷冻→解冻→打浆→过滤→速冻→真空干燥→粉碎→成品

3. 黄粉虫虫浆

黄粉虫虫浆主要作为生产蛋白质、氨基酸、油脂等精细产品的原料或提取一些医药保健活性物质，也可经进一步脱脂处理后直接用于面包等食品生产。其生产工艺流程为：

活幼虫或蛹→排杂→清洗→拣选→打浆→调配→包装→成品

4. 原型小食品

黄粉虫幼虫原型虫体膨松，金黄色，具果仁香味，可调配成麻辣、五香、甜味等多种风味小食品，余味深长，儿童特别喜食。其生产工艺流程为：

活幼虫→排杂→清洗→固化→灭菌→脱水→炒拌→调味→烘

烤（或油炸、蜜炙、盐炙、酒炙等）→成品→包装→保存

5. 黄粉虫菜肴

黄粉虫幼虫和蛹的营养价值较高，可以用烧、烤、炸、爆、炒、溜等方法烹饪出各种美味佳肴。烹饪后的成品颜色金黄，蓬松酥脆，香味浓郁，鲜美适口，也可调制成麻辣、五香、酸甜等各种风味，供不同口味的人们选择食用。其生产工艺流程为：

活幼虫或蛹→排杂→清洗→灭菌→沥水→调味→搅拌→烹制→成品

（三）黄粉虫产品的深加工

黄粉虫产品的深度开发潜力巨大。但考虑到深加工对生产设备和生产工艺要求严格，且前期资金投入较大，市场准入门槛也较高，一般的养殖户很难生产出符合工业标准的高质量产品。因此，这里只简单介绍目前研究较多的十类黄粉虫深加工产品，了解不同产品的大致生产工艺流程，便于养殖户把握黄粉虫产品的加工应用领域。

1. 黄粉虫罐头

其生产工艺流程为：活幼虫或蛹→排杂→清洗→固化→调味→装罐→排气→密封→杀菌→保温→冷却→检验→成品

2. 黄粉虫酱油

其生产工艺流程为：黄粉虫虫浆→调 pH 值→酶解→加热→灭酶→粗滤→调 pH 值→杀菌→调味→调色→搅拌→过滤→分装→封口→检验→成品

3. 黄粉虫冲剂

其生产工艺流程为：活幼虫或蛹→排杂→清洗→固化→脱脂→脱色→研磨→过滤→均质→干燥→检验→成品

4. 黄粉虫酸奶

其生产工艺流程为：黄粉虫虫浆→添加白糖和奶粉→搅拌→

煮沸→杀菌→冷却→接种→发酵→后熟→检验→成品

5. 黄粉虫糕点

其生产工艺流程为：脱脂黄粉虫粉→配料→预处理→面团调制→切块→整形→摆盘→烘烤→冷却→检验→成品

6. 黄粉虫蛋白粉

其生产工艺流程为：活幼虫或蛹→排杂→清洗→软化→杀菌→烘干→脱色→脱臭→洗涤→破碎→提取→洗涤→烘干→粉碎→筛分→检验→成品

7. 黄粉虫氨基酸

其生产工艺流程为：活幼虫或蛹→挑选→洗涤→烘烤→磨粉→脱脂→浸提→调 pH 值→加酶→灭酶→调 pH 值→过滤→调配→杀菌→冷却→检验→成品

8. 黄粉虫虫油

其生产工艺流程为：幼虫或虫粉→压榨或萃取→碱炼→水化→干燥→脱色→脱臭→冷却→检验→成品

9. 黄粉虫壳聚糖

其生产工艺流程为：虫蜕粉或成虫粉→脱脂→脱蛋白→脱盐→降解→检验→成品

10. 黄粉虫抗菌肽

其生产工艺流程为：活幼虫→抗菌肽诱导→排杂→清洗→研磨→脱脂→粉碎→提取蛋白→干燥→酶解→分离→纯化→检验→成品

（四）黄粉虫用于环境保护

黄粉虫作为一种杂食性昆虫，可以取食多种有机废弃物，减少环境污染。除了直接利用农作物秸秆、杂草、畜禽粪便等配制混合饲料，减少农牧业废弃物和降低黄粉虫饲料成本外，近年来通过饲养黄粉虫处理餐厨垃圾、城市污泥和塑料垃圾等有机废弃物受到关注，并开展了一些探索性研究，开辟了有机污染物减量化、无害化、资源化处理的新领域。

1. 处理餐厨垃圾

随着经济社会的快速发展和人们生活水平的不断提高，餐厨垃圾的产量与日俱增，这类垃圾有机质含量丰富，且含水量较高，易腐烂变质且散发臭味，除对周围环境卫生造成严重影响外，还存在多种安全隐患。可集中收集各类餐厅的餐厨垃圾，剔除其中的纸巾、牙签、竹筷等非食物性废弃物后，用破碎机或磨浆机进行破碎或磨浆，然后烘干制成餐厨垃圾粉。既可以单独作为黄粉虫幼虫的饲料，也可以与其他饲料配制混合饲料，在最佳饲养温湿度、饲料含水量和饲养密度条件下，餐厨垃圾的利用率可达35%以上，不仅能够大量生产黄粉虫幼虫，而且黄粉虫取食后产生的粪便也是优质的有机肥料。

2. 处理城市污泥

随着城市污水处理厂的建设与运行，每天都要产生大量的固态及半固态的废弃污泥，这些污泥含有大量的有机物质、微量元素、金属元素和病原微生物等，且常常伴有恶臭气味，若不处理而任意排放会对环境造成二次污染。而将干燥的污泥粉与麦麸按1∶1的比例配制混合饲料，按常规方法饲养黄粉虫幼虫，其不仅生长发育较快，且死亡率也低。若要用黄粉虫富集污泥中的重金属，可以通过选用中龄以上幼虫，控制饲养温度、饲养密度和调节污泥与常规饲料配比等，以取得最佳的富集效果。

3. 处理塑料垃圾

聚乙烯、聚苯乙烯、聚氯乙烯、聚丙烯等高分子化合物制成的包装袋、铺垫材料、农用地膜、一次性餐具等塑料制品使用后，成为难以降解处理的固体废物，对生态环境和景观造成严重的白色污染，已经成为全球性公害。而黄粉虫幼虫肠道内含有特殊的微生物，可以分解这些塑料。如单独用聚乙烯塑料薄膜饲喂黄粉虫幼虫，50 头幼虫 60 天可将 30 厘米^2 的薄膜完全消化降解；在薄膜中加入 30% 淀粉，则只需要 25 天。用泡沫塑料饲养黄粉虫，发现幼虫喜欢选择硬度最低的聚苯乙烯泡沫塑料，100 头幼虫每天可吞食 34~39 毫克塑料。当然，由于塑料的营养价值极差，仅取食塑料时黄粉虫生长发育、繁殖能力和存活寿命等均会受到严重影响，大龄幼虫还会因营养缺乏而自相残杀。因此，若用黄粉虫处理塑料垃圾时，应选择中龄以上幼虫，若添加麦麸等饲料效果更好。

（五）黄粉虫粪便综合利用

随着黄粉虫养殖业的不断发展，在收获黄粉虫产品的同时，还会产生大量的粪便。如单独用麦麸饲喂黄粉虫，一般每 100 千克麦麸可产生 20 千克以上的粪便。如果把这些养殖废弃物作为资源进行综合利用和深度开发，不但可以避免对生态环境的污染，而且可以获得一定的经济收入，提高黄粉虫养殖的综合经济效益。目前黄粉虫粪便的开发利用主要涉及四个方面。

1. 作为肥料

从养分组成看，黄粉虫粪便中含粗有机物 80.38%、全氮 3.97%、全磷 1.86%、全钾 2.66%，碳氮比为 9.86，优于现有的畜禽粪便，且含有锌、硼、铁、镁、钙、铜等多种微量元素，是优质的有机肥。从理化性状看，黄粉虫粪便比较干燥，水分含量少，便于贮存和运输，且无臭味，是比较环保的有机肥。从形态结构看，黄粉虫粪便呈微小团粒结构，自然气孔较多，且粪粒表面涂有消化道分泌物形成的微膜，肥效比较持久，使用后还可以改善土壤团粒结构。目前黄粉虫粪便主要用作蔬菜和花卉育苗的基质，或开发成高档的无公害和有机蔬菜专用肥、花卉专用肥等产品。

2. 作为饲料

从营养成分看，黄粉虫粪便中含有 14.28%粗蛋白、13.34%粗脂肪、11.30%粗灰分、0.59%钙和 1.86%磷，可以作为饲料继续使用。试验表明，在畜禽饲料中添加 10%~20%的黄粉虫粪便，不仅能提高畜禽消化率和饲料报酬，降低畜禽饲料成本，而且因黄粉虫粪便中富含微量元素可以降低畜禽营养缺乏症的发生率，改善畜禽的健康状况。用黄粉虫粪便作为鱼类等水产动物的饲料添加剂，具有明显的引诱取食作用，且能延缓水体变质，抑制疾病发生。此外，黄粉虫粪便干燥细碎，不需要进行烘干、发酵等处理，可直接添加到畜禽混合饲料中。

3. 栽培食用菌

麦麸是食用菌生产的常用辅助材料，也是优质氮源。试验表明，用黄粉虫粪便完全可以替代麦麸，栽培出的食用菌主要营养成分和品质没有显著变化。而且由于黄粉虫粪便提取液可以促进平菇、鸡腿菇、金针菇、茶树菇、香菇等的菌丝生长，在培养料中添加 10%~15%的虫粪后不仅出菇时间提前，而且菇的产量、生物效率也有所提高。

4. 作为养禽垫料

黄粉虫粪便干燥无臭，颗粒细小，吸水力强，且具有很好的发热性，可作为家禽养殖育雏、产蛋的垫料，对于保持禽舍干燥卫生，有较好的效果，而且育出的小鸡体格健壮、成活率高，禽蛋表面清洁干净。

主要参考文献

[1] 陈志国，陈重光，陈彤．黄粉虫养殖实用技术［M］．北京：中国科学技术出版社，2017．

[2] 段晓猛．黄粉虫养殖与开发利用［M］．呼和浩特：内蒙古人民出版社，2010．

[3] 黄正团，潘红平．黄粉虫高效养殖技术一本通［M］．北京：化学工业出版社，2008．

[4] 贾震虎．黄粉虫资源开发与利用［M］．北京：经济管理出版社，2018．

[5] 郎跃深．黄粉虫养殖关键技术与应用［M］．北京：科学技术文献出版社，2015．

[6] 李宁，幸宏伟，熊晓莉．黄粉虫资源开发与利用［M］．北京：中国农业科学技术出版社，2017．

[7] 刘利生．黄粉虫养殖新技术［M］．西安：陕西科学技术出版社，2008．

[8] 刘玉升，徐晓燕．黄粉虫高效养殖与加工利用一学就会［M］．北京：化学工业出版社，2014．

[9] 马仁华，曾秀云．黄粉虫养殖与开发利用［M］．北京：农村读物出版社，2007．

[10] 潘红平，韦航．怎样科学办好黄粉虫养殖场［M］．北京：化学工业出版社，2014．

[11] 史树森，毕锐，田径．蝇蛆与黄粉虫养殖400问［M］．长春：吉林出版集团有限责任公司，2010．

[12] 王智．黄粉虫规模化高产养殖及病害防治［M］．长沙：湖

南科学技术出版社，2012.

[13] 杨菲菲．黄粉虫生态养殖技术［M］．广州：广东科技出版社，2018.

[14] 占家智，羊茜．轻轻松松养黄粉虫［M］．北京：化学工业出版社，2018.